网页设计与制作

（Dreamweaver CC 2017）

董新春　◎主编

王　涛　袁姗姗　刘德展　◎副主编

电子工业出版社

Publishing House of Electronics Industry

北京·BEIJING

内 容 简 介

本书根据职业教育的特点，在编写时突出基础性、简化性、实用性和操作性，注重对学生创新能力、实践能力和自学能力等方面的培养。本书主要内容包括网页制作基础、Dreamweaver CC 2017 与站点建立、HTML、输入文本与常用页面元素、插入图像和多媒体对象、表格、超链接、表单与行为、模板与库、CSS 与盒子模型、Dreamweaver 与其他软件结合、创建移动设备网页、综合应用等。

本书配套网络教学资源，提供本书所有实例所需的素材文件，同时提供了部分关键任务的视频操作教程，方便学习者学习。

本书是职业院校计算机网络专业和数字媒体专业的核心教材，也可作为计算机平面设计及相关专业的教材，还可作为各类计算机培训机构的教材。

图书在版编目（CIP）数据

网页设计与制作：Dreamweaver CC 2017 / 董新春主编 . —北京：电子工业出版社，2019.10

ISBN 978-7-121-23696-9

Ⅰ . ①网… Ⅱ . ①董… Ⅲ . ①网页制作工具—职业教育—教材 Ⅳ . ①TP393.092.2

中国版本图书馆 CIP 数据核字（2019）第 249118 号

责任编辑：罗美娜　　文字编辑：寻翠政
印　　刷：三河市双峰印刷装订有限公司
装　　订：三河市双峰印刷装订有限公司
出版发行：电子工业出版社
　　　　　北京市海淀区万寿路 173 信箱　邮编　100036
开　　本：787×1 092　1/16　印张：17　字数：435.2 千字
版　　次：2019 年 10 月第 1 版
印　　次：2024 年 8 月第10次印刷
定　　价：38.00 元

凡所购买电子工业出版社图书有缺损问题，请向购买书店调换。若书店售缺，请与本社发行部联系，联系及邮购电话：(010) 88254888，88258888。

质量投诉请发邮件至 zlts@phei.com.cn，盗版侵权举报请发邮件至 dbqq@phei.com.cn。

本书咨询联系方式：(010) 88254617，luomn@phei.com.cn。

前　　言

　　"网页制作"是职业院校计算机网络专业和数字媒体专业的必修课程。作为专业核心主干课程，要达到让学生掌握网站的开发流程，掌握网页制作的方法并能独立操作，能够在就业时胜任工作岗位。学生毕业后可胜任网站管理员、网页设计师、网页美工师等工作岗位。

　　本书从职业教育的特点出发，以培养学生掌握网页制作开发流程和方法为目标，以实际工作岗位的职业要求为标准，使学生掌握网页制作的基本知识和基本技能，具有解决实际问题的能力。同时也旨在培养学生的团队协作、沟通表达、工作责任心、职业规范和职业道德等综合素质和能力。

　　本书以实用为目的，通过精练的讲解和典型案例的制作，使读者能够快速掌握知识要点，强化技能水平；以任务为引领，体现了"做中学，做中教"的职教特色。本书将每章分成若干个任务，针对每个任务，通过"知识介绍—实例操作—操作步骤"，使读者能够很好地掌握知识要点和操作方法，突出操作技能的应用，有效提升学生对知识的理解。通过本书的学习，会让初学者掌握网页制作的操作方法。

　　本书遵照"工学结合"的原则，采用任务驱动教学法。全书共 13 章，第 1 章介绍网站建设相关的基础知识和制作流程；第 2 章介绍 Dreamweaver CC 2017 与站点建立；第 3 章介绍网页常用 HTML 标签的使用；第 4 章介绍网页文本和常用元素的输入方法；第 5 章介绍网页插入图像和多媒体元素的方法；第 6 章介绍网页布局常用的方法；第 7 章介绍网页超链接的方法；第 8 章介绍网页插入表单和行为的方法；第 9 章介绍网页模板和库的使用方法；第 10 章介绍 CSS 的应用及用 CSS 盒子模型布局网页的方法；第 11 章介绍 Dreamweaver 与 Photoshop、Flash 等软件的结合使用；第 12 章介绍创建移动设备网页的方法；第 13 章以制作影视网站为例综合应用各种网页制作工具。

　　本课程建议教学总时数为 64 学时，各校可根据教学实际灵活安排。各部分内容学时分配建议如下。

章　节	内　　容	建议学时数
第 1 章	网页制作基础	4
第 2 章	Dreamweaver CC 2017 与站点建立	4
第 3 章	HTML	4
第 4 章	输入文本与常用页面元素	4
第 5 章	插入图像和多媒体对象	4
第 6 章	表格	4
第 7 章	超链接	4
第 8 章	表单与行为	4
第 9 章	模板与库	4
第 10 章	CSS 与盒子模型	8

章　节	内　容	建议学时数
第 11 章	Dreamweaver 与其他软件结合	8
第 12 章	创建移动设备网页	4
第 13 章	综合应用	8

　　本书由董新春主编，王涛、袁姗姗、刘德展副主编，董新春负责全书的统稿。本书的编写得到了大连市教育学院有关领导的关心和支持，同时得到了相关企业人员的指导和帮助，在此一并表示衷心的感谢！

　　由于编者水平有限，书中难免存在一些疏漏和不足之处，恳请广大读者批评指正，以便我们修改完善。

编　者

2019 年 3 月

目　　录

第1章

网页制作基础

1.1 网站建设基本概念

1.1.1 万维网

万维网是互联网的一部分，万维网通常被缩写为 WWW（英文全称为 World Wide Web）。万维网基于超文本服务体系，由大量的电子文档组成，这些电子文档存储在世界各地的计算机上，目的是让不同地方的人使用一种简洁的方式共享信息资源。

万维网的引入打破了 Internet 仅供专业人员使用的传统，使得成千上万的非专业人员也能接触 Internet。

1.1.2 网页与网站

1．网页

万维网上的文档又称为网页，网页中可以包含文本、图像、音频、视频等信息。

存储网页的计算机通常称为万维网服务器（Web 服务器）。网页存储在万维网服务器后，用户就可以访问这些网页信息了。用户在 WWW 浏览器的地址栏输入网页的地址，便可以浏览该网页。网页的扩展名为".htm"或".html"。

2．网站

网站实际上就是网页的集合，是网页通过超链接的形式组成的。通过网页的超链接功能，可以跳转到其他网页或网站，从而获取大量信息。万维网上的网站通常由大学、政府机构、企事业单位或个人开发并维护。

1.1.3 域名和 URL

1．域名

互联网上的每台主机都有一个 IP 地址，IP 地址是由 4 组被圆点隔开的数字组成的 32 位地址，每组都是 0～255 之间的一个十进制数。要想访问某个主机则需要知道该主机的 IP 地址。

由于 IP 地址很难记忆，可以用域名来代替 IP 地址，一个 IP 地址对应一个域名，例如，用

www.phei.com 代替 202.99.96.68，这样就方便记忆。域名由多个词组成，由圆点分开，位置越靠左越具体，最右边是一级域或顶级域，代表国家，我国为 CN。

2．URL

在域名前加上协议就构成了 URL。URL 是 Uniform Resource Location 的缩写，它是 WWW 的统一资源定位标志，即网络地址。URL 提供了资源在互联网上的确切位置。URL 的构成如下。

协议：//主机名（端口号）/文件路径/文件名

例如，"https://www.hxedu.com.cn/hxedu/hg/home/home.html"，http 是协议，www.hxedu.com.cn 是主机名，hxedu/hg/home/是文件路径，home.html 是文件名。

1.1.4 静态网页和动态网页

网页按表现形式可分为静态网页和动态网页。

1．静态网页

静态网页实际上是图文结合的页面，浏览者可以在网页上阅读信息，但无法做进一步的查询、留言、聊天、电子商务等操作。静态网页是标准的 HTML 文档，它可以包含 HTML 标记、文本、声音、图像、动画、Java 小程序及客户端 Active 插件等信息。

2．动态网页

动态网页指的是浏览器和服务器端可以进行信息交流的网页，即服务器可以根据浏览者的请求做出相应的动作或回复。常见的动态网页类型有 ASP、PHP 和 JSP 等，相比较而言，ASP 动态网页技术较成熟且易学。

1.1.5 本地站点和远程站点

设计网站时使用的本地计算机称为本地站点，Internet 服务器上的站点称为远程站点。用户浏览一个网站，其实是用浏览器打开存储在 Internet 服务器上的 HTML 文档和相关资源。由于 Internet 服务器具有不可知的特性，因此把存储在 Internet 服务器上的相关文档和资源称为远程站点。

1.1.6 HTML、XML、XHTML

1．HTML

HTML 是超文本标记语言（Hypertext Markup Language）的英文缩写，它是用来描述网页的一种语言，强调把数据和显示存放在一起，使用标签来描述网页的内容和外观。

2．XML

XML 是可扩展标记语言（Extensible Markup Language）的英文缩写，用户可以自定义具有结构化的标记语言，XML 可以使用 XML 解析器按照其组织结构分解出数据，而 XML 本身不提供数据的显示格式。

3．XHTML

XHTML 是一种作为 XML 应用被重新定义的标记语言，它结合了 XML 的部分强大功能及 HTML 的简单特性。在 HTML 4.0 的基础上，用 XML 的规则对其进行扩展，就得到了 XHTML。

1.2 网站制作的相关技术及工具

1．网页制作平台——Dreamweaver

Dreamweaver 是 Adobe 公司推出的一套拥有可视化编辑界面，用于制作并编辑网站和移动应用程序的网页设计软件。该软件同时适用于初学者和专业网页设计师，是一款优秀的"所见即所得"的可视化网页编辑软件。它友好的界面、强大的功能、快捷的工具和可视化特征，使初学者可以直接在网页上添加和编辑元素，而不用写源代码，软件会自动将结果转换为 HTML 源代码。而且，它还集成了目前最流行的制作网页的多种功能。例如，可通过层叠式样式表（CSS）格式化文本，通过表格定位网页元素，另外，它还针对热门平板电脑和智能手机特别设计，通过 jQuery 移动、PhoneGap、多屏幕预览面板、自适应网格版面、CSS3/HTML5 等快速建立移动应用程序。

Dreamweaver 除可以用来开发静态网页以外，还支持动态网页的开发。同时，该软件集网页制作和网站管理于一身，能轻松实现对本地网站、远程网站的管理，以及对异地网页编辑管理的功能。

2．图像处理工具——Photoshop

Photoshop 软件一直是图像处理软件的龙头，计算机图形设计师创作最有力的工具。它的强大功能不仅创造了不朽的计算机图形艺术，还渗透到了计算机应用的各个领域。网页制作也不例外，从 Photoshop 5.5 版本开始，Adobe 公司就一直加强优化该软件在网页图像处理方面的功能，现在已经成为使用最为广泛的网页处理软件。

3．动画制作工具——Flash

Flash 是目前网络上最为流行的矢量动画设计制作软件，由 Macromedia 公司开发。Flash 软件的动画制作能力非常强，特别是在作为多媒体网页设计平台方面。网站设计师不仅可以用 Flash 软件制作网页上的导航栏、广告宣传栏，还可以用其独立制作在网络上发布的网络软件。Flash 软件已成为设计制作整个网页和相关应用的"一站式"资源应用软件。

4．网页上传、下载——CuteFTP

当网站设计制作完成后，怎么放到 Internet 上供人们浏览，即如何把文件上传到服务器？如何将放在 Internet 上的网站更新？这就要用到一个专门用于文件上传、下载的软件。目前，最常用的上传、下载软件是 CuteFTP。它是一种基于 FTP 的数据交换软件，拥有断点续传、自动登录等功能，是上传、维护、更新网站等操作必不可少的工具软件。

1.3 网站开发的流程

1.3.1 网站制作的流程

个人网站制作的流程如下。

1. 注册域名

要想让别人访问自己的网站，域名是必不可少的。域名要尽可能地短且便于记忆，当然，现在好记的、有特征的域名已经不多了，只要有一定的规律或便于用户记忆即可。

2. 购买网站存储的空间

制作个人网站必须要有一个空间，即存放网站的地方。对于个人用户，建议购买虚拟主机。在购买虚拟主机时要看服务、速度、响应时间等，一般选择有一定名气的服务商。目前，国内比较好的服务商有中国万网、中资源等，不过它们的价格比一般服务商高一些。

3. 制作网站

选好网站空间后，需要根据自己的需求进行网站设计和制作。一般来说，如果有专业的美工和程序员进行修改则更好。

4. 上传

可以使用 Dreamweaver 中的 FTP 功能上传，也可以使用一些 FTP 工具上传。

5. 推广自己的网站

有了好的内容是不必过于担心网站访问量的，毕竟口碑的力量是很大的。当然，这并不是说就不需要推广，如登录搜索引擎、相互宣传、相互链接等都是行之有效的推广方法，各位站长可以在摸索的过程中不断前进。

1.3.2 网页设计的原则

为了使浏览者能够更好地浏览网站，在进行网页设计时应遵循一定的设计规则。网页在设计过程中一般要遵循以下 4 个设计原则。

1. 以突出内容为基本原则

不管制作什么类型的网页，最终目的是让浏览者浏览到网页的内容。因此，在设计网页的过程中，要把突出显示网页的内容放在第一位，让浏览者能够准确、快速、方便地寻找到网页的内容。

2. 网页设计整体统一，颜色搭配合理

好的色彩搭配能够给浏览者留下深刻的印象。网站是由网页构成的，因此，为了保持网站设计的一致性和美观性，在网页设计过程中要对网页中的色系、文字大小、图片修饰等统一设计，让浏览者在浏览网页时，有一种轻松、愉快的感觉。

3．内容精，打开速度快

一个网页如果要让浏览者喜欢，则在制作的内容上要精。有些网页设计时应用了很多图片、声音、多媒体等元素，增加了网页的动感效果，但是这会延长打开网页的时间。如果浏览者因为长时间的等待而取消浏览，那么就失去了网页的作用。因此，在设计网页时要考虑网页的打开时间，在此基础上精选网页的内容和元素，保证网页的质量。

4．导航明确，使用方便

导航的作用是让浏览者在大量的信息中，能够快速找到自己需要的信息。因此，在网页的设计过程中，导航要明确，链接的层次要条理清楚。而且，导航的位置要醒目，让浏览者容易看到，便于使用。

自我检测

1．填空题

（1）万维网基于＿＿＿＿＿＿体系，由大量的电子文档组成。

（2）网页按表现形式可分为＿＿＿＿＿网页和＿＿＿＿＿网页。

（3）HTML 是 Hypertext Markup Language 的缩写，意为＿＿＿＿＿标记语言。

（4）Internet 服务器是用于提供＿＿＿＿＿服务（包括 WWW、FTP、E-mail 等）的计算机。

（5）设计网站时使用的＿＿＿＿＿称为本地站点，＿＿＿＿＿的站点称为远程站点。

2．连线题

.com	教育网站
.net	军事部门网站
.gov	商业性网站
.edu	政府网站
.mil	非商业网站

3．操作题

（1）在 IE 浏览器中打开新浪、网易等网站，分析它们的网页元素。

（2）简述制作网站的流程。

第**2**章

Dreamweaver CC 2017
与站点建立

2.1 初识 Dreamweaver CC 2017

2.1.1 启动 Dreamweaver CC 2017

安装好 Dreamweaver CC 2017 后，单击"开始"→"程序"→"Adobe Dreamweaver CC 2017"命令，即可启动 Dreamweaver CC 2017。启动 Dreamweaver CC 2017 后的工作界面如图 2-1-1 所示。

图 2-1-1 Dreamweaver CC 2017 工作界面

2.1.2　Dreamweaver CC 2017 工作界面介绍

Dreamweaver CC 2017 工作界面由菜单栏、文档工具栏、编辑区、状态栏、属性面板和浮动面板等功能区组成，如图 2-1-2 所示。

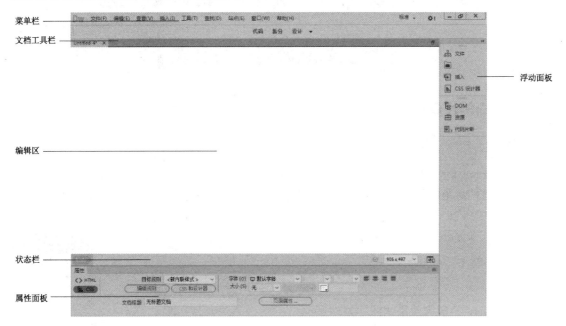

图 2-1-2　Dreamweaver CC 2017 工作界面的组成

1．菜单栏

Dreamweaver CC 2017 共有 9 个菜单，分别是文件、编辑、查看、插入、工具、查找、站点、窗口和帮助。这些菜单可以完成 Dreamweaver 的所有功能。

用户可以直接在菜单项上单击，然后从打开的菜单中选择相应的命令。还可以通过键盘打开菜单，方法是按住【Alt】键的同时按每个菜单名称后面括号内的大写字母，如按【Alt+F】组合键，即可打开"文件"菜单。

2．文档工具栏

文档工具栏位于菜单栏的下方，通过单击该工具栏的按钮可以在不同视图间进行切换。

3．属性面板

在属性面板中可以查看并编辑网页上对象的属性。对象不同，属性面板上显示的属性也不同。

4．编辑区

编辑区就是设计区，用户可以在此区域进行可视化网页编辑。

5．浮动面板

Dreamweaver CC 2017 将一些功能放到浮动面板中，通过浮动面板可以进行相关操作的设置，例如，"文件"面板可以对网页的文件进行相关操作。在各个面板名称上单击，可以折叠或展开面板。通过单击"窗口"菜单中的相应命令可以打开或关闭相应的面板。

6．状态栏

Dreamweaver CC 2017 的状态栏位于编辑区下方，状态栏显示了当前正在编辑文档的相关信息，如当前文档的大小、下载时间等信息，通过状态栏还可以完成网页的预览。

2.2 站点的建立与管理

2.2.1 站点的建立

1．知识介绍

使用 Dreamweaver CC 2017 创建网页时，首先要创建站点。站点可分为本地站点和远程站点两类。本地站点是将创建好的网页保存在本地计算机上的站点，远程站点是将创建好的网页保存在远程 Web 服务器上的站点。在建立站点文件夹的过程中需注意用小写英文字母或数字作为站点文件夹的名称。

2．实例操作

本任务将创建名称为"我的第一个站点"的本地站点。本地站点的保存位置为"c:\web"，最终效果如图 2-2-1 所示。

微课视频 2.2.1

图 2-2-1　创建名称为"我的第一个站点"本地站点的效果

3．操作步骤

（1）打开 Dreamweaver 软件，单击"站点"→"新建站点"命令，打开"站点设置对象"

对话框，设置站点名称为"我的第一个站点"，本地站点文件夹为"c:\web"，如图 2-2-2 所示。

（2）单击"保存"按钮，完成站点的建立。建立站点后的"文件"面板如图 2-2-3 所示。

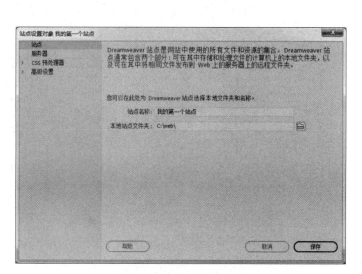

图 2-2-2　设置站点名称和本地站点文件夹

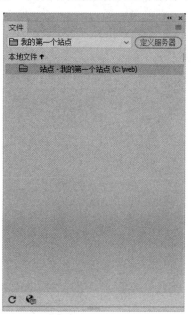

图 2-2-3　"文件"面板

2.2.2　站点的管理

1．知识介绍

Dreamweaver CC 2017 中提供了强大的站点管理工具，通过"站点管理器"可以轻松地实现对站点名称及所在路径的定义，实现站点的复制、修改等操作。

2．实例操作

本任务将复制"我的第一个站点"站点，修改复制后的站点名称为"我的第二个站点"，修改"我的第二个站点"的站点文件夹为"c:\web2"，最终效果如图 2-2-4 所示。

微课视频 2.2.2

3．操作步骤

（1）打开 Dreamweaver 软件，单击"站点"→"管理站点"命令，打开"管理站点"对话框，如图 2-2-5 所示。

（2）单击"复制当前选定站点"按钮，结果如图 2-2-6 所示。

（3）单击"编辑当前选定的站点"按钮，打开"站点设置对象"对话框，修改站点名称为"我的第二个站点"，修改本地站点文件夹为"c:\web2"，如图 2-2-7 所示。

（4）单击"保存"按钮。

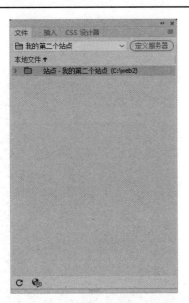

图 2-2-4 创建"我的第二个站点"站点效果

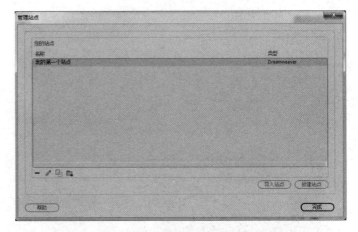

图 2-2-5 "管理站点"对话框

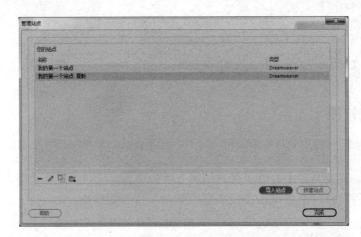

图 2-2-6 复制站点

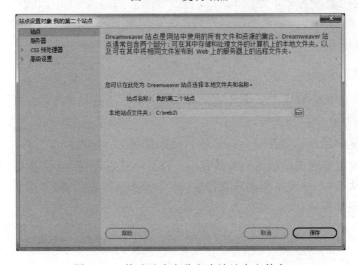

图 2-2-7 修改站点名称和本地站点文件夹

2.2.3 站点文件夹的创建

1. 知识介绍

创建好站点后，根据网站的需要创建各类文件夹进行网站的规划设计，如图片存放在"image"文件夹，Flash 动画存放在"flash"文件夹等。需要注意本地站点的文件夹用小写英文字母或数字作为名称。

2. 实例操作

本任务将新建 3 个文件夹，"image"文件夹用于存放站点的图片，"flash"文件夹用于存放站点的 Flash 动画，"css"文件夹用于存放站点的 CSS 文件，最终效果如图 2-2-8 所示。

微课视频 2.2.3

3. 操作步骤

（1）打开 Dreamweaver 软件，单击"窗口"→"文件"命令，打开"文件"面板，如图 2-2-9 所示。

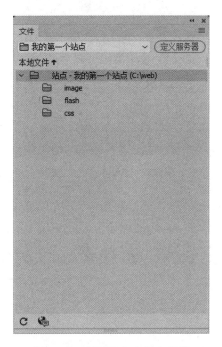

图 2-2-8　新建站点文件夹效果

图 2-2-9　"文件"面板

（2）在"文件"面板中选择站点名，单击鼠标右键（右击），在弹出的快捷菜单中选择"新建文件夹"命令，如图 2-2-10 所示。

（3）输入文件夹名为"image"，新建"image"文件夹，如图 2-2-11 所示。

（4）使用步骤（2）～步骤（3）的方法新建"flash"和"css"文件夹，如图 2-2-12 所示。

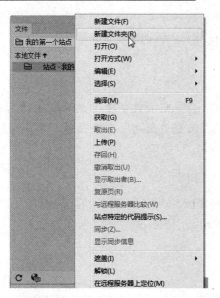

图 2-2-10　"新建文件夹"命令

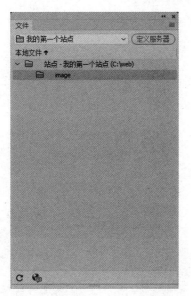

图 2-2-11　新建"image"文件夹

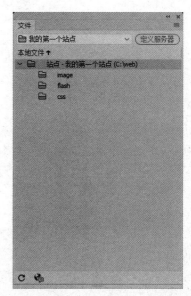

图 2-2-12　新建"flash"和"css"文件夹

2.2.4　站点文件的创建

1. 知识介绍

Dreamweaver CC 2017 提供多种创建文档的方法，既可以创建空白文档，也可以通过模板创建新网页。静态网页的扩展名为".HTML"，在保存网页时需要注意保存的类型。另外，在保存网页时需要用小写英文字母或数字作为文件名。每个网站都需要一个页面作为网站的首页，通常首页的文件名为"index.html"或"default.html"。

2. 实例操作

本任务将新建两个网页文件，一个为空白的首页文件，文件名为

微课视频 2.2.4

"index.html"；另一个为模板的"单页"文件，文件名为"xinxi.html"，最终效果如图 2-2-13 所示。

3．操作步骤

（1）打开 Dreamweaver 软件，右击"文件"面板中的站点名，在弹出的快捷菜单中选择"新建文件"命令，如图 2-2-14 所示。

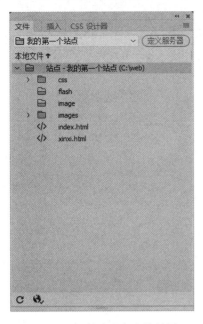

图 2-2-13　创建站点文件效果

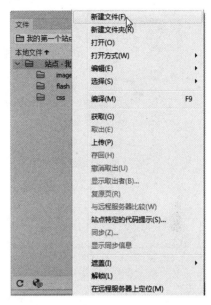

图 2-2-14　"新建文件"命令

（2）输入文件名为"index.html"，新建首页文件，如图 2-2-15 所示。

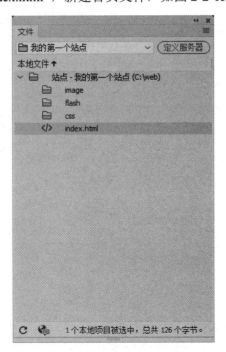

图 2-2-15　新建首页文件

（3）单击"文件"→"新建"命令，打开"新建文档"对话框，在"新建文档"对话框中选择"启动器模板"选项，示例文件夹选择"基本布局"选项，示例页选择"基本-单页"选项，如图 2-2-16 所示。

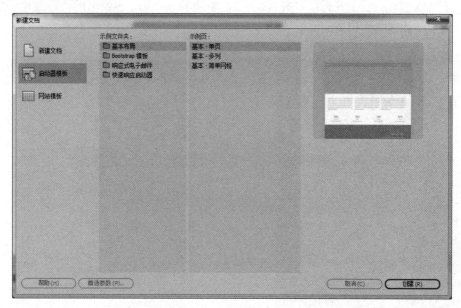

图 2-2-16　"新建文档"对话框

（4）单击"创建"按钮，结果如图 2-2-17 所示。

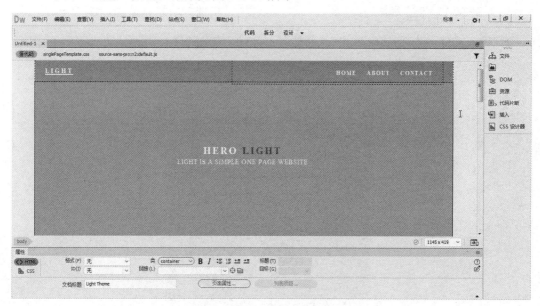

图 2-2-17　新建文档

（5）单击"文件"→"保存"命令，打开"另存为"对话框，设置保存文件名为"xinxi.html"，如图 2-2-18 所示。

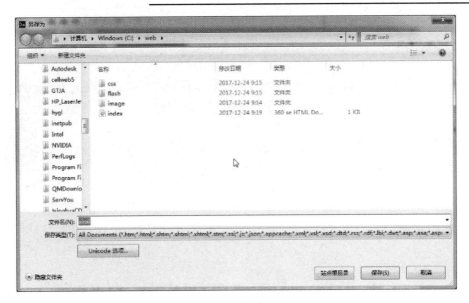

图 2-2-18　保存文件

2.3 实训——创建旅游网站

2.3.1 实训目标

　　本实训的目标是创建本地站点、站点文件夹和首页文件。通过实训掌握站点的创建和文件及文件夹的使用。本实训完成后的旅游网站效果如图 2-3-1 所示。

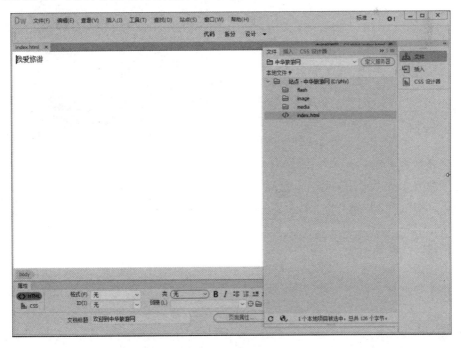

图 2-3-1　旅游网站效果

2.3.2 实训要求

（1）创建本地站点，站点名称为"中华旅游网"，设置本地站点文件夹为"c:\zhly"。

（2）创建 3 个文件夹，分别为"image""flash""media"。

（3）创建首页文件，文件名为"index.html"。

（4）在"index.html"文件中输入"我爱旅游"。

（5）输入网页标题，标题为"欢迎到中华旅游网"。

（6）保存文件并预览网页。

微课视频 2.3

2.3.3 操作步骤

（1）创建本地站点

打开 Dreamweaver 软件，单击"站点"→"新建站点"命令，在打开的"站点设置对象"对话框中设置站点名称和站点文件夹，单击"保存"按钮，如图 2-3-2 所示。

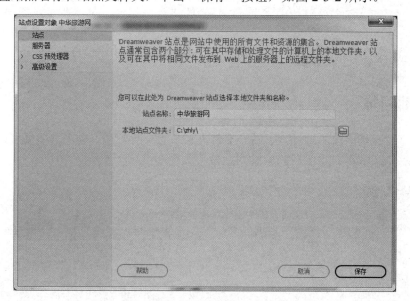

图 2-3-2　设置站点名称和本地站点文件夹

（2）创建站点文件夹

单击"窗口"→"文件"命令，打开"文件"面板，右击"文件"面板中的站点名，在弹出的快捷菜单中选择"新建文件夹"命令，创建站点文件夹，文件夹名称分别为"image""flash""media"，如图 2-3-3 所示。

（3）创建站点文件

单击"窗口"→"文件"命令，打开"文件"面板，右击"文件"面板中的站点名，在弹出的快捷菜单中选择"新建文件"命令，创建站点文件，文件名为"index.html"，如图 2-3-4 所示。

（4）输入内容文字

双击"文件"面板中的"index.html"文件，进入文件编辑状态，输入"我爱旅游"，如

图 2-3-5 所示。

（5）输入标题文字

在"属性"面板中的"文档标题"后的文本框内输入"欢迎到中华旅游网"，如图 2-3-6 所示。

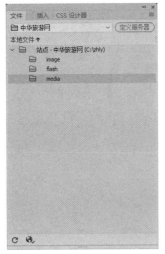

图 2-3-3 创建站点文件夹

图 2-3-4 创建站点文件

图 2-3-5 输入内容文字

图 2-3-6 输入标题文字

（6）保存并预览文件

单击"文件"→"保存"命令，保存文件。单击状态栏中的"实时预览"按钮，选择浏览器预览，如图 2-3-7 所示。或者按【F12】键预览网页，结果如图 2-3-8 所示。

图 2-3-7 选择浏览器

图 2-3-8 预览网页

自我检测

1．选择题

（1）Dreamweaver CC 2017 中用于管理站点的面板是（　　）面板。

    A．站点　　　　　　B．资源　　　　　　C．文件　　　　　　D．结果

（2）在 Dreamweaver CC 2017 中，预览网页的快捷键是（　　）。

    A．F5　　　　　　B．F12　　　　　　C．F8　　　　　　D．F11

2．操作题

（1）在 C 盘上建立一个名称为"web1"的文件夹，然后建立一个名称为"我的站点"的站点并保存在"web1"文件夹里。

（2）复制"web1"站点，将复制的站点更名为"web2"。

（3）删除"web1"站点。

第3章

HTML

3.1 网页基本结构

3.1.1 HTML 基本结构

1．知识介绍

HTML 基本语法结构如下。

```
<! DOCTYPE.....>
<html>
<head>
<title>.....</title>
</head>
<body>.....</body>
</html>
```

下面对网页结构中的标签进行说明。

（1）DOCTYPE：文档类型说明。

（2）<html></html>：表示标签之间的内容是 HTML 文档。

（3）<head></head>：文件头部标签，在浏览器窗口中，头部信息是不被显示在正文中的，可以插入其他标签。

（4）<title></title>：页面标题栏文字。

（5）<body></body>：文件主体，放置在其中的是页面要显示的内容。

微课视频 3.1.1

2．实例操作

本任务用记事本新建一个 HTML 文档，输入"这是我的第一个 html 文档!"，最终效果如图 3-1-1 所示。

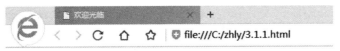

图 3-1-1　HTML 基本结构效果

3．操作步骤

（1）单击"开始"→"程序"→"附件"→"记事本"命令，打开记事本软件，输入 HTML 基本结构代码，如图 3-1-2 所示。

图 3-1-2　输入 HTML 基本结构代码

（2）在<title>和</title>标签之间输入标题"欢迎光临"，如图 3-1-3 所示。

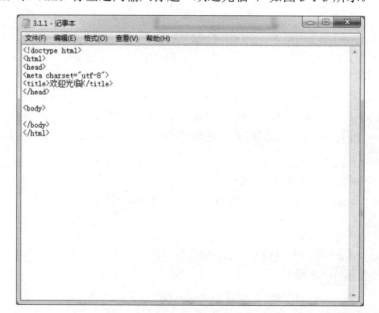

图 3-1-3　输入标题"欢迎光临"

（3）在<body>和</body>之间输入"这是我的第一个 html 文档！"，如图 3-1-4 所示。

（4）保存文件，保存类型为"所有文件"，编码选择"UTF-8"，文件的扩展名为".html"，如图 3-1-5 所示。

图 3-1-4　输入"这是我的第一个 html 文档！"

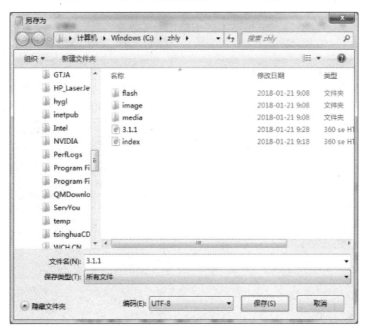

图 3-1-5　保存文件

3.1.2　HTML 标签和属性

1．知识介绍

在 HTML 页面中，带有<>符号的元素称为 HTML 标签，也称为 HTML 标记。标签分为单标签和双标签 2 种。

单标签指的是只用一个标记符号描述标签，其基本语法如下。

<标签名 />

双标签指的是用两个标记符号描述标签，其语法如下。

<标签名>内容</标签名>

其中，<标签名>为起始标签，表示开启某种功能，而结束标签</标签名>（通常为起始标签加上一个斜线）为关闭功能，内容放在两个标签之间。在一个网页中存在一个必不可少的标签<html></html>，表示网页文件的开始与结束。

HTML 标签都有自己的属性，通过设置标签的属性，可以修改内容的样式，其基本语法如下。

<标签名 属性1="属性值" 属性2="属性值"……>内容< /标签名>

标签可以有多个属性，属性不分先后。属性与属性之间用空格分开。

2．实例操作

本任务用记事本新建一个 HTML 文档，输入"我爱网页制作"。设置文字的大小为"12px"，颜色为"红色"，最终效果如图 3-1-6 所示。

微课视频 3.1.2

图 3-1-6　HTML 标签效果

3．操作步骤

（1）单击"开始"→"程序"→"附件"→"记事本"命令，打开记事本软件，输入如图 3-1-7 所示的内容。

图 3-1-7　输入 HTML 文本内容

（2）为文字"我爱网页制作"添加 <font>标签和属性，如图 3-1-8 所示。

（3）保存文件，文件类型为"所有文件"，编码选择"UTF-8"，文件的扩展名为".html"。

图 3-1-8 添加<font>标签和属性

3.2 常用的 HTML 标签

3.2.1 文本相关标签

1．知识介绍

在 Word 中，通过工具实现文本、段落的排版。在 HTML 页面中，需要运用标签描述文本和段落，并运用相关属性对文字和段落进行相应的修饰，以使页面更加美观。

（1）标题标签<hn>

一般文章都有标题文本，标题标签用于设置标题文字，被设置的文字将以黑体或粗体的方式显示在网页中。其中，n 为标题的等级，共有 6 个等级的标题，n 越小，标题字号越大。

标题标签的格式如下。

```
<hn 属性="属性值">标题文本</hn>
```

（2）段落标签<p>

段落标签用来创建一个段落，在段落标签之间加入的文本会产生一个段落。段落标签的格式如下。

```
<p 属性="属性值">段落内容</p>
```

（3）换行标签

换行标签可以在行与上一行之间不空出一行间距，它不产生段落的空行。换行标签没有属性。换行标签的格式如下。

```
<br/>
```

（4）水平线标签<hr/>

水平线标签可以产生一条水平线，该标签常用的属性为 width 宽度、color 颜色。水平线标签的格式如下。

网页设计与制作（Dreamweaver CC 2017）

```
<hr 属性="属性值" />
```

（5）文字标签<font>

使用文字标签可以设置文字样式。文字标签常用属性为 size 大小、face 字体、color 颜色。文字标签的格式如下。

```
<font 属性="属性值">文字内容</font>
```

2．实例操作

本任务用记事本新建一个 HTML 文档，输入古诗《静夜思》内容。设置段落格式为"h2"；设置作者为"段落格式"，颜色为"蓝色"；设置诗句的第 1 行和第 2 行为换行方式；设置水平线的宽度为"500px"，颜色为"红色"，对齐方式为"左对齐"；设置网页制作人的字体为"黑体"，大小为"2px"，颜色为"蓝色"。文本标签效果如图 3-2-1 所示。

微课视频 3.2.1

图 3-2-1　文本标签效果

3．操作步骤

（1）单击"开始"→"程序"→"附件"→"记事本"命令，打开记事本软件，输入如图 3-2-2 所示的内容。

图 3-2-2　输入 HTML 文本内容

（2）设置标题为"h2"，在标题前后添加"h2"标签，如图 3-2-3 所示。

（3）设置作者为"段落格式"，颜色为"蓝色"，如图 3-2-4 所示。

（4）设置诗句的第 1 行和第 2 行为"换行方式"，如图 3-2-5 所示。

图 3-2-3　设置标题标签

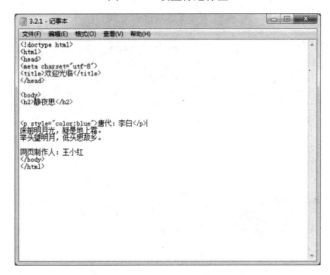

图 3-2-4　设置作者段落标签和属性

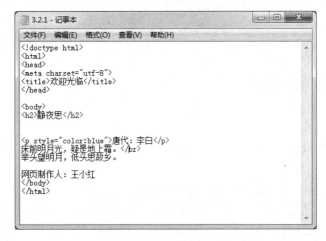

图 3-2-5　设置换行标签

（5）设置水平线的宽度为"500px"，颜色为"红色"，对齐方式为"左对齐"，如图 3-2-6 所示。

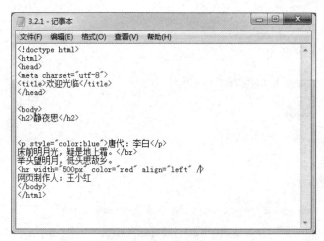

图 3-2-6　设置水平线标签和属性

（6）设置网页制作人的字体为"黑体"，大小为"2px"，颜色为"蓝色"，如图 3-2-7 所示。

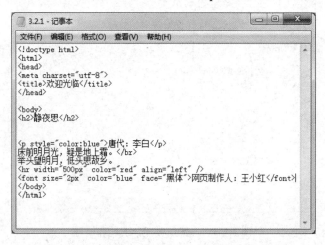

图 3-2-7　设置网页制作人文字标签和属性

（7）保存文件，文件类型为"所有文件"，编码选择"UTF-8"，文件的扩展名为".html"。

3.2.2　字体格式化相关标签

1．知识介绍

通过字体格式化可以实现文字的加粗、倾斜、下画线等效果。

（1）加粗标签<b>

加粗标签将标签内文本加粗。加粗标签的格式如下。

```
<b>文本</b>
```

（2）倾斜标签<i>

倾斜标签实现标记中的文本倾斜。倾斜标签的格式如下。

> `<i>文本内容</i>`

（3）下画线标签<u>

下画线标签将标记中的文本以下画线显示。下画线标签的格式如下。

> `<u>文本内容</u>`

（4）删除线标签<strike>

删除线标签使文本中有横贯文本的删除线。删除线标签的格式如下。

> `<strike>文本内容</ strike >`

2. 实例操作

本任务用记事本新建一个 HTML 文档，输入古诗《绝句》内容。设置标题为加粗；设置作者为倾斜，文字颜色为"蓝色"；设置诗句的第 1 行加下画线。字体格式化标签效果如图 3-2-8 所示。

微课视频 3.2.2

图 3-2-8　字体格式化标签效果

3. 操作步骤

（1）单击"开始"→"程序"→"附件"→"记事本"命令，打开记事本软件，输入如图 3-2-9 所示的内容。

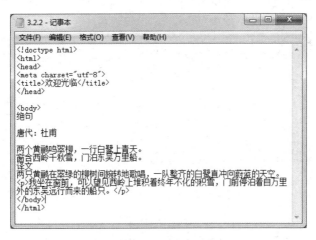

图 3-2-9　输入 HTML 文本内容

（2）设置标题为"加粗"，如图 3-2-10 所示。

（3）设置作者为"倾斜"，文字颜色为"蓝色"，如图 3-2-11 所示。

（4）设置诗句的第 1 行加下画线，如图 3-2-12 所示。

（5）保存文件，文件类型为"所有文件"，编码选择"UTF-8"，文件的扩展名为"html"。

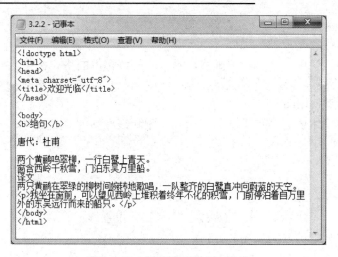

图 3-2-10　设置标题的文本格式

图 3-2-11　设置作者的文本格式

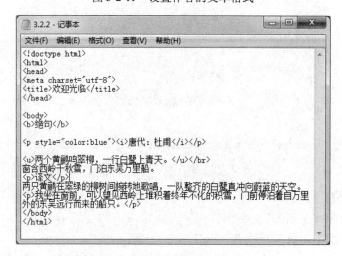

图 3-2-12　设置诗句的第 1 行的文本格式

3.2.3　列表相关标签

1．知识介绍

在创建网页时，可以使用列表来展示内容，这样可使网页整洁而且有条理。

（1）无序列表<ul>

无序列表是指列表内容可以按任意顺序排列，列表项不是连续编号，而是用一个特定符号标记的，这个特定符号默认为圆点符号。无序列表的格式如下。

```
<ul type= "值">
<li>内容</li>
<li>内容</li>
<li>内容</li>
……
</ul>
```

其中，type 属性决定了每一项前面的标记符号，常见的<ul>标签的 type 属性值如表 3-2-1 所示。

表 3-2-1　<ul>标签的 type 属性值

type	作　用
Type="disc"	设置列表符号为"."
Type="cicle"	设置列表符号为"。"
Type="square"	设置列表符号为"▪"

（2）有序列表<ol>

有序列表对网页的内容进行编号排列，以便浏览者可以清晰地了解每行的顺序。有序列表的格式如下。

```
<ol type="值" start="值" >
<li>内容</li>
<li>内容</li>
<li>内容</li>
……
</ol>
```

其中，start 为列表的开始序号，默认为"1"。<ol>标签的 type 属性值如表 3-2-2 所示。

表 3-2-2　<ol>标签的 type 属性值

type	作　用
Type="1"	设置列表序号为"阿拉伯数字"
Type="I"	设置列表序号为"大写罗马数字"
Type="i"	设置列表序号为"小写罗马数字"
Type="a"	设置列表序号为"小写英文字母"
Type="A"	设置列表序号为"大写英文字母"

微课视频 3.2.3

2．实例操作

本任务用记事本新建一个 HTML 文档，输入示例所示的内容。设置书法比赛成绩为有序列表，列表序号为小写阿拉伯数字；设置唱歌比赛为无序列表，最终效果如图 3-2-13 所示。

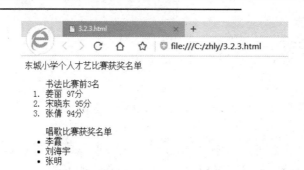

图 3-2-13　列表标签效果

3．操作步骤

（1）单击"开始"→"程序"→"附件"→"记事本"命令，打开记事本软件，输入如图 3-2-14 所示的内容。

图 3-2-14　输入 HTML 文本内容

（2）设置书法比赛成绩为有序列表，列表序号为小写阿拉伯数字，如图 3-2-15 所示。

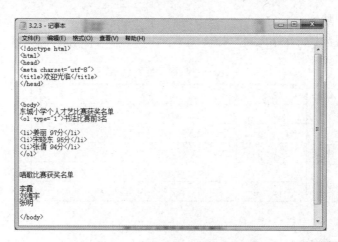

图 3-2-15　设置有序列表及属性

（3）设置唱歌比赛为无序列表，如图 3-2-16 所示。

（4）保存文件，文件类型为"所有文件"，编码选择"UTF-8"，文件的扩展名为".html"。

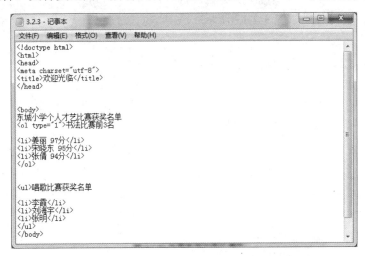

图 3-2-16　设置无序列表及属性

3.2.4　多媒体相关标签

1. 知识介绍

在网页中插入图片和视频可以吸引浏览者注意，增加网页的活力。

（1）图像标签<img>

要将图像插入网页中，可以使用<img>标签来实现，<img>标签的格式如下。

`<img src="图像所在的路径/图像名" 属性="属性值"/>`

<img> 标签有两个必需的属性，分别是 src 属性和 alt 属性。src 属性在<img>标签中必须赋值，是标签中不可缺少的一部分；alt 属性是当鼠标移动到图像上时显示的文本。除此之外，<img>标签还有 align、border、width 和 height 属性。align 属性是图像的对齐方式；border 属性是图像的边框，可以取大于或等于 0 的整数，默认单位是像素（px）；width 和 height 属性是图像的宽度和高度，默认单位是像素。

（2）声音和视频标签<embed>

使用<embed>标签可以在网页中插入声音或视频。<embed>标签的格式如下。

`<embed src="文件路径\文件名" 属性="属性值"/>`

<embed>标签的属性很多，常用的如表 3-2-3 所示。

表 3-2-3　<embed>标签的常用属性

属　　性	作　　用
src	设置文件的路径
autostart	设置是否自动播放
loop	设置播放的重复次数
width	设置面板的宽度
height	设置面板的高度
startime	设置开始播放的时间

2．实例操作

本任务用记事本新建一个 HTML 文档，插入图像"girl.jpg"和视频"donghua.wmv"，最终效果如图 3-2-17 所示。

微课视频 3.2.4

图 3-2-17　多媒体标签效果

3．操作步骤

（1）单击"开始"→"程序"→"附件"→"记事本"命令，打开记事本软件，输入如图 3-2-18 所示的内容。

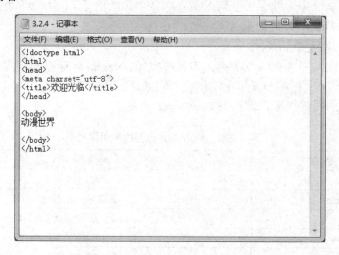

图 3-2-18　输入 HTML 文本内容

（2）插入图像标签并设置属性，如图 3-2-19 所示。

图 3-2-19　插入图像标签并设置属性

（3）插入视频标签并设置属性，如图 3-2-20 所示。

图 3-2-20　插入视频标签并设置属性

（4）保存文件，文件类型为"所有文件"，编码选择"UTF-8"，文件的扩展名为".html"。

3.2.5　滚动对象标签

1．知识介绍

在网页中动态效果可以丰富网页内容，增强网页的视觉效果。<marquee>标签可以实现元素在网页上移动的效果。<marquee>标签的格式如下。

```
<marquee 属性="属性值">滚动对象</marquee>
```

< marquee >标签的属性很多，常用的如表 3-2-4 所示。

表 3-2-4 ＜ marquee ＞标签的常用属性

属　　性	作　　用
align	设置对齐方式
direction	设置滚动方向
behavior	设置滚动方式
width	设置字幕的宽度
height	设置字幕的高度
loop	设置循环滚动的次数

2．实例操作

本任务用记事本新建一个 HTML 文档。设置新闻滚动的宽度为"150px"，高度为"400px"，方向为"向上"；设置图片滚动的方向为"向左"，方式为"交替"，最终效果如图 3-2-21 所示。

微课视频 3.2.5

图 3-2-21　滚动对象标签效果

3．操作步骤

（1）单击"开始"→"程序"→"附件"→"记事本"命令，打开记事本软件，输入如图 3-2-22 所示的内容。

（2）设置新闻滚动的宽度为"150px"，高度为"400px"，方向为"向上"，如图 3-2-23 所示。

（3）设置图片滚动的方向为"向左"，方式为"交替"，如图 3-2-24 所示。

（4）保存文件，文件类型为"所有文件"，编码选择"UTF-8"，文件的扩展名为".html"。

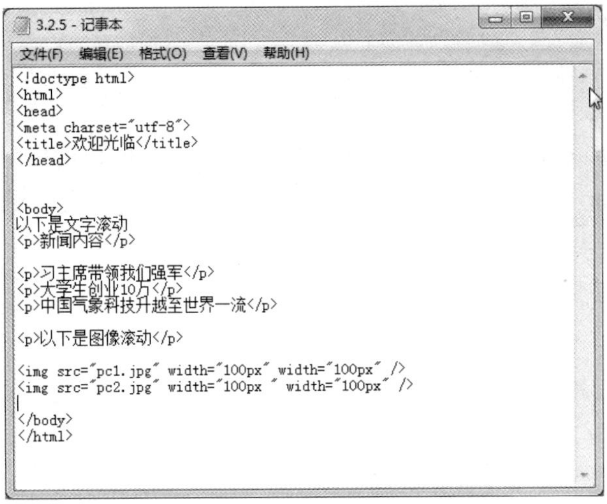

```
3.2.5 - 记事本
文件(F) 编辑(E) 格式(O) 查看(V) 帮助(H)
<!doctype html>
<html>
<head>
<meta charset="utf-8">
<title>欢迎光临</title>
</head>


<body>
以下是文字滚动
<p>新闻内容</p>

<p>习主席带领我们强军</p>
<p>大学生创业10万</p>
<p>中国气象科技升越至世界一流</p>

<p>以下是图像滚动</p>

<img src="pc1.jpg" width="100px" width="100px" />
<img src="pc2.jpg" width="100px " width="100px" />

</body>
</html>
```

图 3-2-22 输入 HTML 文本内容

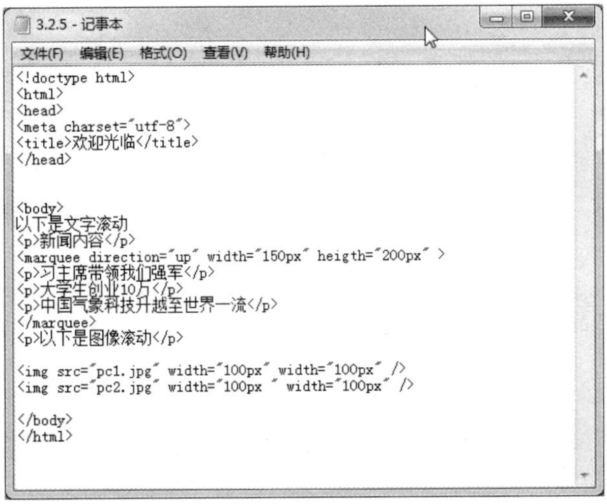

```
3.2.5 - 记事本
文件(F) 编辑(E) 格式(O) 查看(V) 帮助(H)
<!doctype html>
<html>
<head>
<meta charset="utf-8">
<title>欢迎光临</title>
</head>


<body>
以下是文字滚动
<p>新闻内容</p>
<marquee direction="up" width="150px" heigth="200px" >
<p>习主席带领我们强军</p>
<p>大学生创业10万</p>
<p>中国气象科技升越至世界一流</p>
</marquee>
<p>以下是图像滚动</p>

<img src="pc1.jpg" width="100px" width="100px" />
<img src="pc2.jpg" width="100px " width="100px" />

</body>
</html>
```

图 3-2-23 插入新闻滚动标签并设置属性

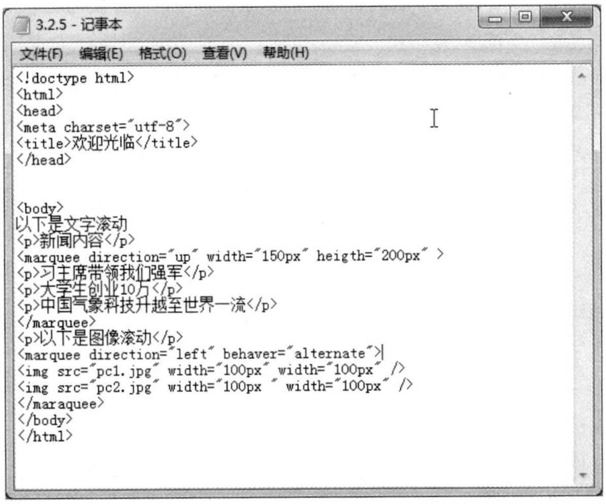

```
3.2.5 - 记事本
文件(F) 编辑(E) 格式(O) 查看(V) 帮助(H)
<!doctype html>
<html>
<head>
<meta charset="utf-8">
<title>欢迎光临</title>
</head>


<body>
以下是文字滚动
<p>新闻内容</p>
<marquee direction="up" width="150px" heigth="200px" >
<p>习主席带领我们强军</p>
<p>大学生创业10万</p>
<p>中国气象科技升越至世界一流</p>
</marquee>
<p>以下是图像滚动</p>
<marquee direction="left" behaver="alternate">
<img src="pc1.jpg" width="100px" width="100px" />
<img src="pc2.jpg" width="100px " width="100px" />
</maraquee>
</body>
</html>
```

图 3-2-24 插入图片滚动标签并设置属性

3.2.6 超链接标签

1. 知识介绍

超链接可以将一个网页的内容链接到另一个网页。超链接标签的格式如下。

```
<a 属性="属性值">链接对象</a>
```

超链接的主要属性是 href，通过 href 属性可以设置要链接的目的地
地址。

2. 实例操作

本任务用记事本新建两个 HTML 文档。单击第 1 个网页的"北京风
光"图片，链接到第 2 个网页，最终效果如图 3-2-25 所示。

微课视频 3.2.6

图 3-2-25　超链接标签效果

3. 操作步骤

（1）单击"开始"→"程序"→"附件"→"记事本"命令，打开记事本软件，输入如
图 3-2-26 所示的内容。

图 3-2-26　输入第 1 个网页的 HTML 标签

（2）设置图片超链接和属性，如图 3-2-27 所示。

（3）使用记事本软件，输入第 2 个网页的 HTML 标签，如图 3-2-28 所示。

（4）保存文件，文件类型为"所有文件"，编码选择"UTF-8"，文件的扩展名为".html"。

图 3-2-27　设置图片超链接和属性

图 3-2-28　输入第 2 个网页的 HTML 标签

3.2.7　表格标签

1. 知识介绍

表格是页面上重要的元素，借助表格可以实现网页的排版。表格标签的格式如下。

```
<table>
<tr>
<th>表格单元格列标题1</th>
<th>表格单元格列标题2</th>
......
</tr>
<tr>
<td>第1列单元格内容</td>
<td>第2列单元格内容</td>
......
<tr>
......
</table>
```

（1）<table>和</table>标签是表格的起始和结束标签。

（2）<tr>和</tr>标签是定义表格的行标签。

（3）<td>和</td>标签是定义表格的单元格标签。

（4）<th>和</th>标签是定义表格的标题，单元格的内容以粗体显示。

<table >标签的属性很多，常用的如表 3-2-5 所示。

表 3-2-5   <table >标签的常用属性

属　　性	作　　用
align	设置对齐方式
cellspacing	设置单元格的间距
cellpadding	设置单元格的填充距离
width	设置表格的宽度
height	设置表格的高度
border	设置单元格的边框

2. 实例操作

本任务用记事本新建一个 HTML 文档，插入一个 7 行 6 列的表格，并输入课程表，最终效果如图 3-2-29 所示。

微课视频 3.2.7

3. 操作步骤

（1）单击"开始"→"程序"→"附件"→"记事本"命令，打开记事本软件，输入如图 3-2-30 所示的内容。

图 3-2-29   表格标签效果　　　　　　图 3-2-30   输入表格内容

（2）保存文件，文件类型为"所有文件"，编码选择"UTF-8"，文件的扩展名为".html"。

3.3 实训——创建 HTML 网页

3.3.1 实训目标

本实训的目标是掌握 HTML 网页的输入方法，通过实训掌握 HTML 常用标签的使用。本实训完成后的中国美景网效果如图 3-3-1 所示。

图 3-3-1　中国美景网效果图

3.3.2 实训要求

（1）输入标题"中国美景网"，设置字体为"加粗"。

（2）输入"中国……"，设置文字为"倾斜"。

（3）插入一个 2 行 2 列的表格，在表格的第 1 行插入图像，第 2 行输入文字。

（4）插入水平线，设置宽度为"300px"。

（5）输入"制作人：……"，设置文字颜色为"蓝色"。

（6）输入滚动文字"欢迎到中国来旅游！"，文字滚动方向为"向左"。

3.3.3 操作步骤

（1）设置 HTML 网页基本结构。单击"开始"→"程序"→"附件"→"记事本"命令，打开记事本软件，输入如图 3-3-2 所示的内容。

微课视频 3.3

图 3-3-2　设置 HTML 网页基本结构

（2）设置标题文字。输入标题"中国美景网"，设置字体为"加粗"，如图 3-3-3 所示。

图 3-3-3　设置标题文字

（3）设置倾斜文字。输入"中国……"，设置文字为"倾斜"，如图 3-3-4 所示。

图 3-3-4　设置倾斜文字

（4）插入表格并输入内容。插入一个 2 行 2 列的表格，在表格的第 1 行插入图像，第 2 行输入文字，如图 3-3-5 所示。

图 3-3-5　插入表格并输入内容

（5）插入水平线并设置属性。插入水平线，设置宽度为"300px"，如图 3-3-6 所示。

图 3-3-6　插入水平线并设置属性

（6）输入文字并设置属性。输入"制作人……"，设置文字颜色为"蓝色"，如图 3-3-7 所示。

（7）插入滚动字幕并设置属性。输入滚动文字"欢迎到中国来旅游！"，设置文字滚动方向为"向左"，如图 3-3-8 所示。

（8）保存文件，文件类型为"所有文件"，编码选择"UTF-8"，文件的扩展名为".html"。

图 3-3-7　输入文字并设置属性

图 3-3-8　输入滚动文字并设置属性

自我检测

1. 填空题

（1）HTML（超文本标识语言）是一种描述性且_____的语言，它不仅可以通过对程序标签、元素、属性、对象等的定义，建立图形、声音等多媒体信息，还可以建立与其他超文本的链接。

（2）浏览器在运行 HTML 文件时，以_____开头，以_____结束；元素出现在

文档的开头部分；<head>与</head>之间的内容不会在浏览器的文档窗口显示；_____和

_____之间的内容将显示在浏览器窗口的标题栏。

（3）在使用<marquee>标签制作移动文字时，可以指定文字的移动方向有_____、

_____、_____、_____四种。

2．操作题

（1）新建一个 HTML 网页，显示内容为"大家好，这是我亲手做的第一个网页，真的好棒！！！"并设置为"左右移动"。

（2）新建一个 HTML 网页，输入古诗《登鹳雀楼》内容，设置标题为"加粗"；设置作者为"倾斜"，对齐方式为"右对齐"；设置正文文字大小为"12px"，文字颜色为"蓝色"。

（3）新建一个 HTML 网页，插入图像和视频文件。

（4）新建一个 HTML 网页，利用表格制作值日生表，设置表格的宽度为"400px"，边框为"2px"，填充和间距为"0px"，在表格内输入值日生名单。

第4章

输入文本与常用页面元素

4.1 输入文本

4.1.1 输入文本内容并设置文本格式

1. 知识介绍

网页中最常见的元素是文字元素，这些文字在网页设计中被称为文本，在 Dreamweaver CC 2017 中可以直接输入文本内容，也可以从其他地方复制文本到当前文档的目标位置。

Dreamweaver CC 2017 设置文本格式有两种方式。一种是内联方式，另一种是 CSS 样式表方式。内联方式是将要修饰的属性直接放到文本的标签内，如<font size="36px">大家好</font>。而 CSS 样式表方式是将要修饰的内容和格式分离，通过样式表来单独设置文本的属性值。

2. 实例操作

输入"欢迎到大连来"，用内联方式设置文字大小为"36px"，颜色为"蓝色（#00F）"，最终效果如图 4-1-1 所示。

微课视频 4.1.1

图 4-1-1　输入文字并设置文字格式的效果

3. 操作步骤

（1）新建一个网页文件，将光标定位在要输入文字的位置，输入"欢迎到大连来"，如图 4-1-2 所示。

图 4-1-2　输入"欢迎到大连来"

（2）选取文本，在"属性"面板中选择"CSS"选项卡，设置目标规则为"新内联样式"，如图 4-1-3 所示。

（3）在"属性"面板中设置文字大小为"36px"，颜色为"蓝色（#00F）"，如图 4-1-4 所示。

（4）输入标题文本，在"属性"面板中的"文档标题"后的文本框内输入"欢迎光临"，如图 4-1-5 所示。

图 4-1-3　"CSS"选项卡

图 4-1-4　设置文字样式

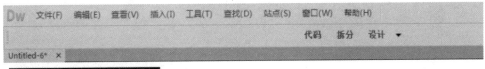

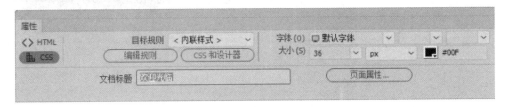

图 4-1-5　输入标题文本

（5）保存文件，单击"文件"→"保存"命令，打开"另存为"对话框，输入文件名，如图 4-1-6 所示。

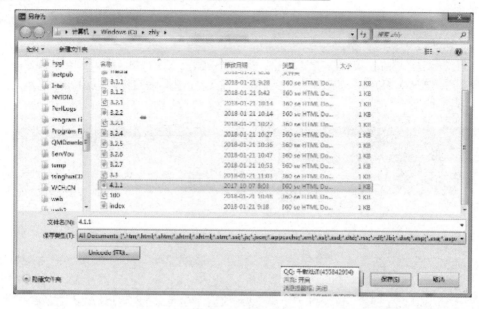

图 4-1-6　保存文件

4.1.2　设置段落格式

1．知识介绍

Dreamweaver CC 2017 可以对段落文本的对齐方式和缩进距离进行调整。

微课视频 4.1.2

2．实例操作

本任务将新建一个网页文件，复制素材文字。设置标题文字和诗句为"居中对齐"，赏析段落缩进方式为"向内对齐"，最终效果如图 4-1-7 所示。

图 4-1-7　设置段落格式效果

3．操作步骤

（1）新建一个网页文件，复制素材文字，单击"编辑"→"粘贴"命令，粘贴文字，如图 4-1-8 所示。

（2）选择标题文字"春晓"，单击"属性"面板中的"CSS"选项卡，设置目标规则为"内联样式"，对齐方式为"居中"，如图 4-1-9 所示。

（3）使用步骤（2）的方法设置古诗其他内容的对齐方式为"居中"，如图 4-1-10 所示。

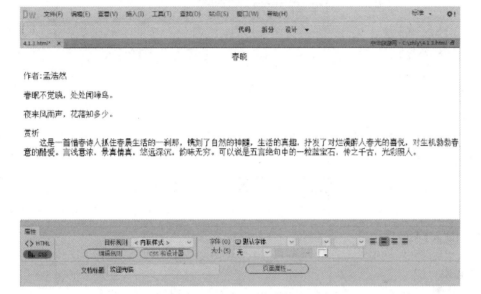

图 4-1-8　复制、粘贴文字

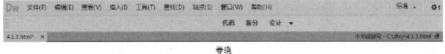

图 4-1-9　设置标题对齐方式

图 4-1-10　设置古诗的对齐方式

（4）选择赏析段落，单击"属性"面板中的"HTML"选项卡，设置缩进方式为"向内缩进"，如图 4-1-11 所示。

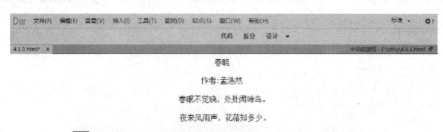

图 4-1-11　设置赏析段落的缩进方式

（5）保存文件，按【F12】键预览网页。

4.2　输入常用页面元素

4.2.1　插入日期

1. 知识介绍

Dreamweaver CC 2017 可以在网页中插入日期。

2. 实例操作

本任务将新建一个网页文件，复制素材文字并插入日期，最终效果如图 4-2-1 所示。

微课视频 4.2.1

图 4-2-1　插入日期效果

3. 操作步骤

（1）新建一个网页文件，复制素材文字，单击"编辑"→"粘贴"命令，粘贴文字，如图 4-2-2 所示。

（2）单击"插入"→"HTML"→"日期"命令，打开"插入日期"对话框，设置日期格式，如图 4-2-3 所示。

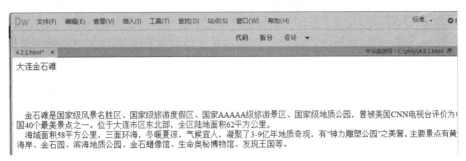

图 4-2-2　复制、粘贴文字

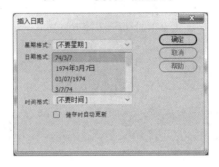

图 4-2-3　"插入日期"对话框

（3）单击"确定"按钮，完成日期的插入。选择日期，单击"属性"面板中的"CSS"选项卡，设置目标规则为"内联样式"，对齐方式为"右对齐"，结果如图 4-2-4 所示。

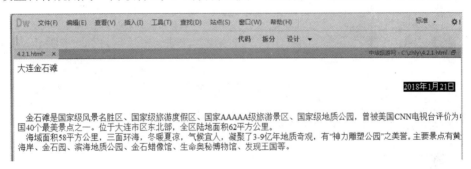

图 4-2-4　设置日期对齐方式

（4）保存文件，按【F12】键预览网页。

4.2.2　插入列表

1. 知识介绍

在制作网页时，列表经常出现，Dreamweaver 可以自动编排好格式，以供制作者使用。列表用于文档设置自动编号、项目符号等格式信息。列表分为两类，一类是项目列表，这类列表项目前的项目符号是相同的，并且各列表项之间是平行关系；另一类是编号列表，这类列表项目前的项目符号是按

微课视频 4.2.2

顺序排列的数字编号，并且各列表项之间是顺序排列关系。列表项可以多层嵌套，使用列表可以实现复杂的结构层次效果。

2．实例操作

本任务将新建一个网页文件，输入文字并插入无序列表，设置列表符号为"正方形"，最终效果如图 4-2-5 所示。

图 4-2-5　插入无序列表效果

3．操作步骤

（1）新建一个网页文件，输入文字，如图 4-2-6 所示。

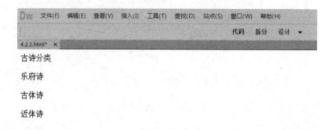

图 4-2-6　输入文字

（2）选择文字，单击"属性"面板中的"HTML"选项卡的"项目列表"按钮，如图 4-2-7 所示。

图 4-2-7　设置项目列表

（3）单击"编辑"→"列表"→"属性"命令，打开"列表属性"对话框，设置列表类型为"项目列表"，样式为"正方形"，如图 4-2-8 所示。单击"确定"按钮完成设置。

图 4-2-8　设置项目列表符号

（4）保存文件，按【F12】键预览网页。

4.2.3　插入水平线和特殊字符

1．知识介绍

水平线是网页中经常用到的一种元素，在页面上可以使用一条或多条水平线以分隔文本和对象。既可以通过命令菜单实现，也可以通过"插入"面板实现。

所谓"特殊字符"是指无法通过键盘直接输入的一类符号，如版权符号"©"、注册商标符号"®"、商标符号"™"等。插入特殊字符有两种方法，一种是通过命令菜单插入，另一种是通过"插入"面板插入。

2．实例操作

本任务将新建一个网页文件，复制素材文字，插入水平线，插入版权符，最终效果如图 4-2-9 所示。

微课视频 4.2.3

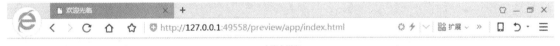

图 4-2-9　插入水平线和版权符效果

3．操作步骤

（1）新建一个网页文件，复制素材文字，单击"编辑"→"粘贴"命令，粘贴文字，如图 4-2-10 所示。

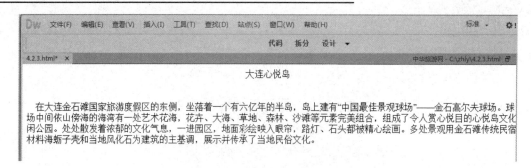

图 4-2-10　复制、粘贴文字

（2）单击"插入"→"HTML"→"水平线"命令，插入水平线，如图 4-2-11 所示。

（3）输入"版权……"，单击"插入"→"HTML"→"字符"→"版权（C）"命令，插入版权符，如图 4-2-12 所示。

（4）设置第 1 个段落和最后一个段落的对齐方式为"居中"，如图 4-2-13 所示。

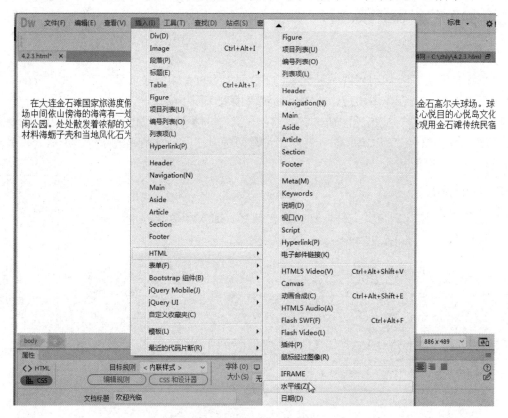

图 4-2-11　插入水平线

图 4-2-12　插入版权符

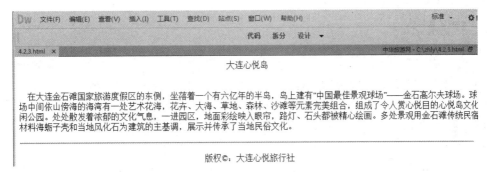

图 4-2-13　设置段落的对齐方式

（5）保存文件，按【F12】键预览网页。

4.3　实训——创建旅游网页

4.3.1　实训目标

本实训的目标是掌握网页文本的输入和格式化的方法。本实训完成后大连旅游网页的效果如图 4-3-1 所示。

大连旅游必去的五大景点

- 金石滩
  位于东部海滨，在长达8公里的海岸线上，山海相间，礁石林立，风景秀美，是国家级重点风景名胜区。震旦纪、寒武纪的地质地貌、沉积岩石、古生物化石形成了近百景点，各种海蚀崖、海蚀洞、海蚀柱，千姿百态，"石猴观海"、"大鹏展翅"、"恐龙探海"等栩栩如生，被专家学者称之为"海上石林"、"天然的地质博物馆"、"凝固的动物世界"，其中的龟裂石形成于六亿年前，是目前世界上块体最大的奇石。奇特的地质景观被誉为中国独一无二的，世界极其罕见的，地球不能再生的"神力雕塑公园"。
- 大连老虎滩海洋公园
  大连老虎滩海洋公园坐落在国家级风景名胜区——大连南部海滨的中部。占地面积118万平方米，有着4000余米的曲折海岸线。园内蓝天碧海、青山奇石、山水晶融，构成了绮丽的海滨风光。这里有亚洲最大以展示珊瑚礁生物群为主的大型海洋生物馆——珊瑚馆，大连老虎滩海洋公园是滨城一道亮丽的风景，每年接待海内外游客200多万人次。被国家旅游局首批评为AAAA级景区，中国旅游知名品牌，并通过了ISO9001质量管理体系和ISO14001环境管理体系的认证。
- 大连星海公园
  山青水秀的星海公园，位于大连南部星海湾景区的中段。始建于1909年，是一座由陆地公园和海滨浴场组成的海滨公园。因海湾水面上露出一块形状奇特的巨石，传说它是来自天外的"星石"，故得名"星海"。公园占地19万平方米。是集观海、避暑、海水浴于一体的综合性大型海滨公园。星海公园现分为游览区、休息区、儿童游乐场、海水浴场四部分。海水浴场是沿国内800米长的半月形海滩而成为大连市四大海水浴场之一。
- 大连森林动物园
  大连森林动物园坐落于大连白云山风景区内，占地面积7.2平方公里。动物园分为一期圈养区和二期散养区（野生放养园）两部分，分别建成于1997年和2000年。员责景区内200余种、3000多头（只）动物的饲养、科研、展览和园区内绿地、风景林及其它公共设施的养护管理。2000年成为国家首批AAAA级景区，2001年通过了ISO9001国际质量管理体系和ISO14001国际环境管理体系认证，被国家、省、市各级部门认定为科普教育基地。
- 冰峪沟
  位于庄河市城北40公里的仙人洞镇附近，面积47平方公里。由于几亿年间的地壳运动，使冰峪沟形成了中国北方罕见的自然奇观。这里山清水秀，峰回溪转，仅兀立的奇峰就有40余座，大小洞穴20余处，有"北国桂林"之誉。尤其是黄海大道通车后，这里的游客越来越多。冰峪的魅力长年不减，夏天冰峪的温度特别凉快，是理想的避暑之地。秋天是冰峪最美的季节，飘舞着红叶的山峦、明亮的河流，斑斓多彩。冰峪最壮观的季节是冬季，石林像玉石一样的洁白，奇峰像水晶一样耀目，山泉凝成了冰帘，河水形成了冰湖，满眼冰山雪岭，一派银装素裹。

2018年1月21日

图 4-3-1　大连旅游网页效果

4.3.2　实训要求

（1）复制素材文字。

（2）标题文本用内联方式设置字体为"宋体"，大小为"48px"，颜色为"红色"，段落格式为"标题 2"，对齐方式为"居中"。

（3）插入水平线。

（4）设置每个景点用项目列表显示。

（5）景点文字用内联方式设置字体为"宋体"，大小为"16px"，颜色为"深蓝色"。

（6）插入日期。

微课视频 4.3

4.3.3　操作步骤

（1）复制素材文字。新建一个网页文件，复制素材文本，单击"编辑"→"粘贴"命令，粘贴文本，如图 4-3-2 所示。

（2）设置标题文本的段落格式。选择标题文本"大连旅游必去的五大景点"，单击"属性"面板中的"HTML"选项卡，设置段落格式为"标题 2"，如图 4-3-3 所示。

（3）设置标题文本的格式。单击"属性"面板中的"CSS"选项卡，设置目标规则为"内联样式"，字体为"宋体"，大小为"48px"，颜色为"红色"，对齐方式为"居中"，如图 4-3-4 所示。

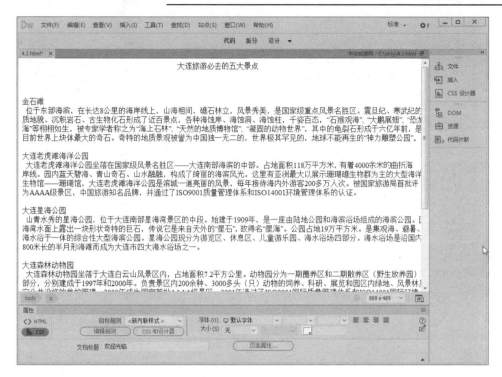

图 4-3-2　复制素材文字

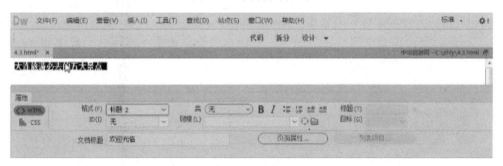

图 4-3-3　设置标题文本的段落格式

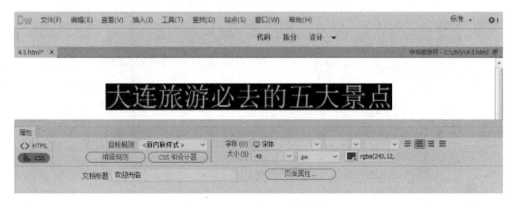

图 4-3-4　设置标题文本的格式

（4）插入水平线。单击"插入"→"HTML"→"水平线"命令，插入水平线，如图 4-3-5 所示。

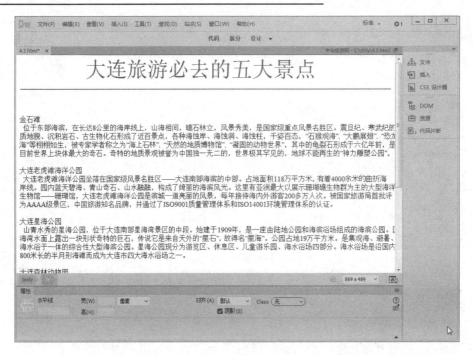

图 4-3-5　插入水平线

（5）设置项目列表。选择旅游景点文本，单击"属性"面板中的"HTML"选项卡，单击"项目列表"按钮，设置项目列表，如图 4-3-6 所示。

（6）设置旅游景点文字的格式。选择旅游景点文字，单击"属性"面板中的"CSS"选项卡，设置目标规则为"内联样式"，字体为"宋体"，大小为"16px"，颜色为"深蓝色"，如图 4-3-7 所示。

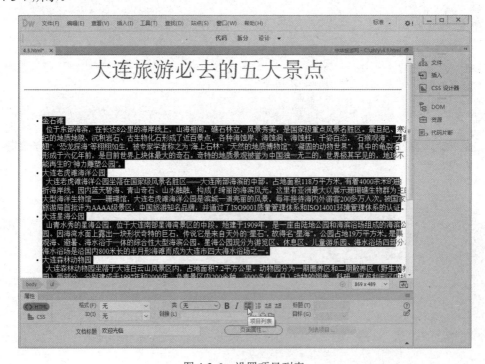

图 4-3-6　设置项目列表

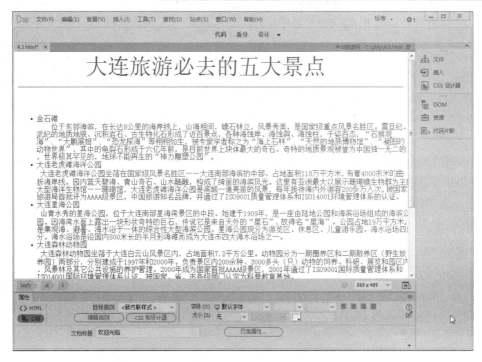

图 4-3-7　设置旅游景点文字的格式

（7）插入日期并设置对齐方式。单击"插入"→"HTML"→"日期"命令，插入日期。单击"属性"面板中的"HTML"选项卡，设置目标规则为"内联样式"，文本的对齐方式为"右对齐"，如图 4-3-8 所示。

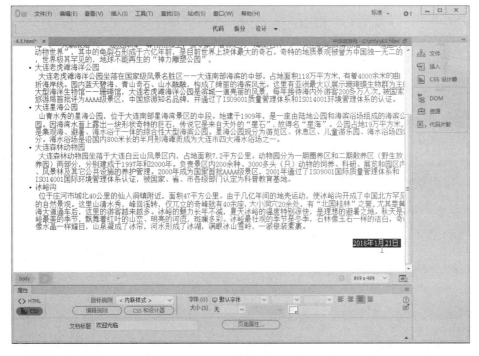

图 4-3-8　插入日期并设置对齐方式

（8）保存文件，按【F12】键预览网页。

自我检测

1．填空题

（1）列表分为_____和_____。

（2）设置文本样式有两种方法，一种是_____，另一种是_____。

（3）添加字体可以在_____对话框中进行设置。

2．操作题

（1）新建一个网页文件，输入古诗《咏鹅》内容。

（2）古诗的标题文本用内联方式设置字体为"隶书"，字号为"40px"，颜色为"红色"，对齐方式为"居中"。

（3）古诗的作者用内联方式设置字体为"楷体"，对齐方式为"居中"，大小为"12px"，颜色为"蓝色"。

（4）创建文本样式，设置字体为"宋体"，大小为"12px"，对齐方式为"居中"。将古诗的正文应用文本样式。

（5）在古诗的最后插入水平线。

（6）在水平线后输入"版权……"并插入版权符。

第 **5** 章

插入图像和多媒体对象

5.1　插入图像

5.1.1　插入与编辑图像

1．知识介绍

网页中支持的图像文件格式包括".JPG"".GIF"".PNG"等，如果插入的图像文件格式不在此范围内，则在浏览器中无法正常显示。插入图像有两种方法，一种是通过菜单命令插入，另一种是通过"插入"面板插入。

图像的"替换文本"属性是指当网页无法显示图像时用替换文本代替图像显示。

可以修改插入的图像的大小等属性。

2．实例操作

在练习文档中插入素材图像，并修改图像的大小，最终效果如图 5-1-1 所示。

微课视频 5.1.1

图 5-1-1　插入图像效果

3．操作步骤

（1）打开练习文档 5.1.1.html，将光标定位在网页中要插入图像的地方，单击"插入"→"Image"命令，如图 5-1-2 所示。

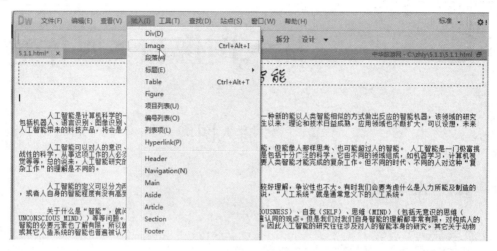

图 5-1-2　"插入"图像命令

（2）在打开的"选择图像源文件"对话框中选择图像文件，如图 5-1-3 所示。

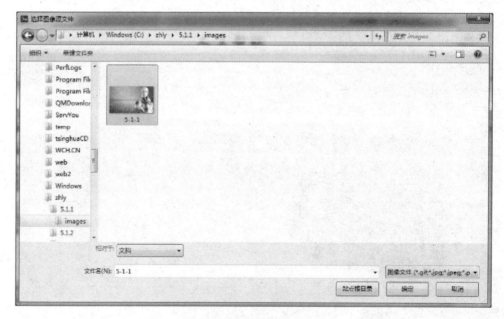

图 5-1-3　选择图像文件

（3）单击"确定"按钮，完成图像的插入，效果如图 5-1-4 所示。

（4）选择图像，在"属性"面板中的"替换"后的文本框内输入替换文本，如图 5-1-5 所示。

（5）选择图像，在"属性"面板中设置图像大小为"398×227px"，如图 5-1-6 所示。

（6）保存文件，按【F12】键预览网页。

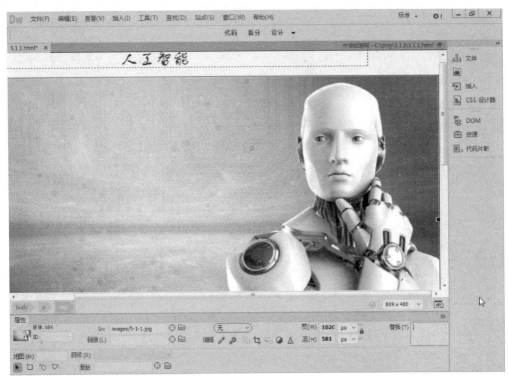

图 5-1-4 插入图像后的效果

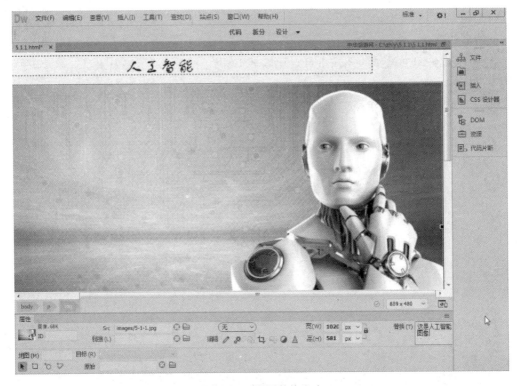

图 5-1-5 设置替换文本

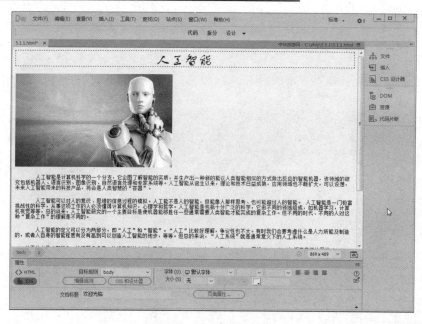

图 5-1-6　修改图像大小

5.1.2　美化图像

1．知识介绍

Dreamweaver CC 2017 提供了图像的美化功能，可以调节图像的亮度和对比度，并对图像进行锐化和裁切等操作。

2．实例操作

本任务将对练习文档中的图像进行对比度调节和锐化操作，最终效果如图 5-1-7 所示。

微课视频 5.1.2

图 5-1-7　美化图像效果

3．操作步骤

（1）打开练习文档 5.1.2.html，选择图像，单击"属性"面板中的"亮度/对比度"按钮，打开"亮度/对比度"对话框，调节对比度，如图 5-1-8 所示。单击"确定"按钮，完成对比度调整。

图 5-1-8　调节对比度

（2）单击"属性"面板中的"锐化"按钮，打开"锐化"对话框，调节锐化，如图 5-1-9 所示。单击"确定"按钮，完成锐化。

图 5-1-9　调节锐化

（3）保存文件，按【F12】键预览网页。

5.1.3 设置背景图像

1. 知识介绍

Dreamweaver CC 2017 除可以用颜色作为网页背景外，还可以用图像作为网页的背景，同时，还可以对背景图像设置平铺选项，有水平平铺、垂直平铺、水平垂直平铺和无平铺 4 个选项供选择。

微课视频 5.1.3

2. 实例操作

本任务将练习文档用图像作为背景，设置背景为不重复，最终效果如图 5-1-10 所示。

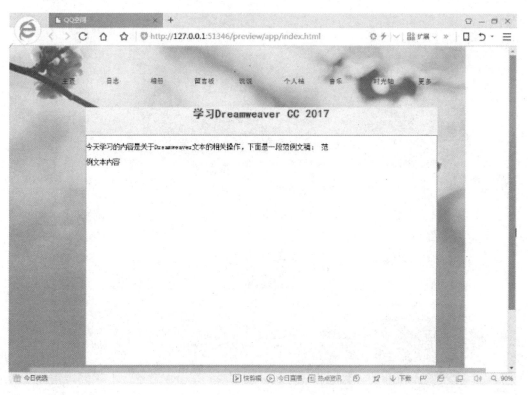

图 5-1-10　设置背景图像效果

3. 操作步骤

（1）打开练习文档 5.1.3.html，单击"属性"面板中的"页面属性"按钮，打开"页面属性"对话框，如图 5-1-11 所示。

（2）设置背景图像，重复为"no-repeat"，如图 5-1-12 所示。

（3）单击"确定"按钮，完成背景图像的设置。

（4）保存文件，按【F12】键预览网页。

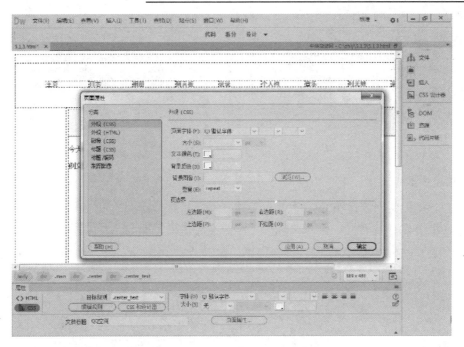

图 5-1-11 "页面属性"对话框

图 5-1-12 设置背景图像

5.1.4 鼠标经过图像

1. 知识介绍

鼠标经过图像是指在网页中插入图像，当鼠标指针经过该图像时，该图像会变成另一幅图像。

2. 实例操作

本任务将在练习文档中插入鼠标经过图像，当鼠标经过该图像时会变成另一幅图像，最终效果如图 5-1-13 所示。

微课视频 5.1.4

图 5-1-13　鼠标经过图像效果

3. 操作步骤

（1）打开练习文档 5.1.4.html，将光标定位在网页中，单击"插入"→"HTML"→"鼠标经过图像（R）"命令，打开"插入鼠标经过图像"对话框，如图 5-1-14 所示。

图 5-1-14　"插入鼠标经过图像"对话框

（2）设置原始图像和鼠标经过图像，如图 5-1-15 所示。

图 5-1-15　设置原始图像和鼠标经过图像

（3）单击"确定"按钮，完成鼠标经过图像的设置，如图 5-1-16 所示。

图 5-1-16　插入鼠标经过图像

（4）保存文件，按【F12】键预览网页。

5.2 插入多媒体对象

5.2.1　插入 Flash 动画

1．知识介绍

Flash 动画是常用的网页元素，尤其在网页广告中更为常见，它能使网页生动活泼。Flash 是交互式矢量图和 Web 动画的标准。用户可以利用 Flash 创建漂亮的、可变大小且极其紧密的各种特殊效果。Dreamweaver CC 2017 提供了对 Flash 动画完善的支持功能，可以方便地在网页中插入 Flash 动画并对其属性参数进行设置。

微课视频 5.2.1

2．实例操作

本任务将在练习文档中插入 Flash 动画，最终效果如图 5-2-1 所示。

3．操作步骤

（1）打开练习文档 5.2.1.html，将光标定位在网页中，单击"插入"→"HTML"→"Flash SWF"命令，打开"选择 SWF"对话框，如图 5-2-2 所示。

图 5-2-1　插入 Flash 动画效果

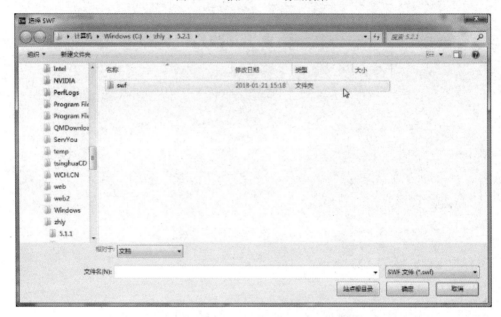

图 5-2-2　"选择 SWF"对话框

（2）选择"banner.swf"文件，单击"确定"按钮，打开"对象标签辅助功能属性"对话框，输入标题文本，如图 5-2-3 所示。

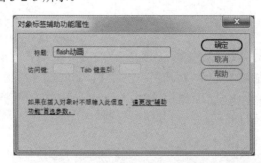

图 5-2-3　"对象标签辅助功能属性"对话框

（3）单击"确定"按钮，完成 Flash 动画的插入，结果如图 5-2-4 所示。

图 5-2-4　插入 Flash 动画

（4）保存文件，按【F12】键预览网页。

5.2.2　插入 FLV 视频

1．知识介绍

视频是非常流行的一种多媒体技术，FLV 视频的应用更受欢迎，如土豆、迅雷和优酷等视频网站都采用了这一技术。

微课视频 5.2.2

2．实例操作

本任务将在练习文档中插入 FLV 视频，最终效果如图 5-2-5 所示。

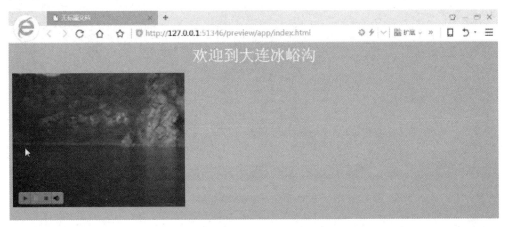

图 5-2-5　插入 FLV 视频效果

3．操作步骤

（1）打开 5.2.2.html，将光标定位在网页中，单击"插入"→"HTML"→"Flash Video"命令，打开"插入 FLV"对话框，如图 5-2-6 所示，在"URL"后的文本框内选择 FLV 文件。

图 5-2-6　"插入 FLV"对话框

（2）单击"确定"按钮，完成 FLV 视频的插入，结果如图 5-2-7 所示。

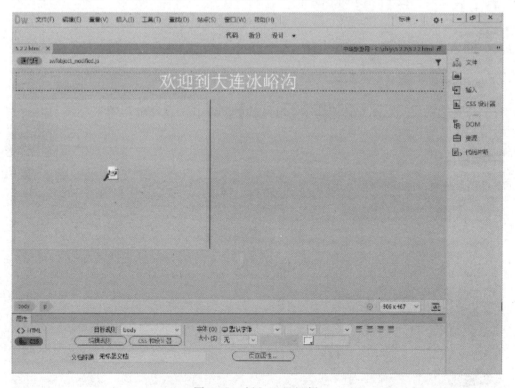

图 5-2-7　插入 FLV 视频

（3）保存文件，按【F12】键预览网页。

5.2.3　添加背景音乐

1．知识介绍

Dreamweaver CC 2017 既可以利用插件插入音乐，也可以设置背景音乐，在打开网页的时候背景音乐会自动播放。

2．实例操作

本任务将在练习文档中添加背景音乐，最终效果如图 5-2-8 所示。

微课视频 5.2.3

图 5-2-8　添加背景音乐效果

3．操作步骤

（1）打开练习文档 5.2.3.html，将光标定位在网页中，单击"插入"→"HTML"→"HTML5 AUDIO"命令，插入 HTML AUDIO，如图 5-2-9 所示。

（2）在"属性"面板中的"源"后的文本框内输入音乐文件，如图 5-2-10 所示。

（3）勾选"属性"面板中的"Autoplay"和"Loop"复选项，如图 5-2-11 所示。

（4）保存文件，按【F12】键预览网页。

图 5-2-9　插入 HTML5 AUDIO

图 5-2-10　输入音乐文件

图 5-2-11　勾选"Autoplay"和"Loop"复选项

5.3　实训——创建景点介绍网页

5.3.1　实训目标

本实训的目标是掌握在网页中插入图像和多媒体的方法。本实训完成后的西湖旅游网页效果如图 5-3-1 所示。

图 5-3-1　西湖旅游网页效果

5.3.2　实训要求

（1）在练习文档的第 3 行位置插入"banner.swf"。

（2）在练习文档的第 4 行位置插入 4 个图像文件，设置图像的大小为"160×140px"。

微课视频 5.3

（3）设置网页的背景图像为"Beijing.jpg"。

（4）为网页添加背景音乐"music.mp3"。

5.3.3　操作步骤

（1）插入 Flash 动画。打开练习文档 5.3.html，将光标定位在表格的第 2 行，单击"插入"→"HTML"→"FLash SWF"命令，插入 Flash 动画，如图 5-3-2 所示。

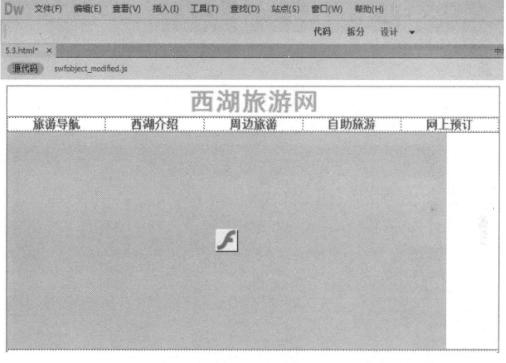

图 5-3-2　插入 Flash 动画

（2）插入图像并设置图像大小。将光标定位在表格的第 3 行，单击"插入"→"Image"命令，插入图像文件，在"属性"面板中修改图像的大小为"160×140px"，如图 5-3-3 所示。

（3）设置网页的背景图像。单击"属性"面板中的"页面属性"按钮，打开"页面属性"对话框，设置网页的背景图像为"beijing.jpg"，重复为"no-repeat"，效果如图 5-3-4 所示。

（4）添加背景音乐。单击"插入"→"HTML"→"HTML5 Audio"命令，在"属性"面板中设置音乐的源文件为"music.mp3"，设置为自动播放，结果如图 5-3-5 所示。

图 5-3-3　插入图像并设置图像大小

图 5-3-4　设置网页的背景图像

图 5-3-5　添加背景音乐

（5）保存文件，按【F12】键预览网页。

自我检测

1．填空题

（1）使用 Dreamweaver CC 2017 提供的 Flash 功能可在网页中插入_____和_____两种格式的视频文件。

（2）用户在插入 Flash 动画时，要注意插入的 Flash 动画的扩展名为_____。

（3）多媒体"属性"面板中的_____文本框，用于表示包含多媒体的文件夹地址。

2．操作题

（1）制作一个个人简历网页。

（2）在个人简历网页中插入自己的照片。

（3）在个人简历网页中插入背景音乐。

第6章

表　格

构成网页的元素有很多种，如何使这些元素有序、美观地组合在一起，这就需要对网页进行布局。

6.1　插入和修改表格

网页布局的方法中最常用的就是使用表格，插入并修改表格是网页设计中最基本的操作。利用表格的无边框设置可以实现网页布局的操作。

表格由行、列和单元格 3 种主要元素构成。

6.1.1　插入表格

1. 知识介绍

在 Dreamweaver 中只要在"表格"对话框中设置行数和列数、边框宽度、表格位置等参数就可以简单地插入表格。

表格常用参数介绍。

行、列：表格的行数和列数。

表格宽度：表格的宽度以像素为单位或浏览器窗口为基准的百分比单位。

边框粗细：使用像素为单位来设置表格边框线的粗细。没有输入数值的时候默认为"1px"，如果不显示表格的边框线，则可以输入"0"。

单元格边距：单元格内容与单元格边框之间的距离。

单元格间隔：每个单元格之间的空白。

标题：在用表格的第 1 行或第 1 列表示表头时，选择所需的样式。

2. 实例操作

本任务将在练习文档中插入一个 9 行 6 列的表格，制作课程表，最终效果如图 6-1-1 所示。

微课视频 6.1.1

3. 操作步骤

（1）插入表格。新建一个网页文件，单击"插入"→"Table"命令，如图 6-1-2 所示。

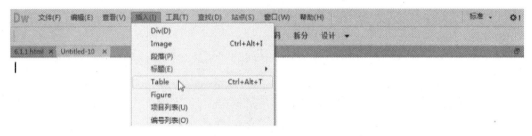

图 6-1-1　课程表效果

图 6-1-2　"Table"命令

（2）设置表格参数。在"Table"对话框中设置表格参数，如图 6-1-3 所示。

（3）单击"确定"按钮，完成表格的插入，输入课程表的内容，如图 6-1-4 所示。

图 6-1-3　"Table"对话框　　　　　　图 6-1-4　输入课程表的内容

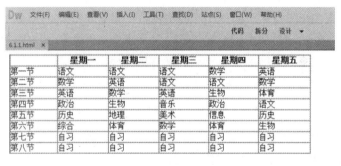

（4）保存文件，按【F12】键预览网页。

6.1.2　修改表格

1．知识介绍

（1）选择表格和单元格

和处理文字及图像一样，修改一个表格首先要选择它。Dreamweaver 简化了选择过程，使选择行、列及不相邻的单元格的属性或内容变得更加容易。使用以下方法可以选择表格的不同部分。

① 选择整个表格。移动光标至表格的底部或左部边框，当光标变为上、下或左、右箭头时单击，即选中整个表格。

② 选择行或列。移动光标至表格的上部或左侧边框，当光标变为向下或向右的箭头时拖动鼠标，即选中相应的行或列。

③ 选择单元格。在一个单元格的任意位置单击并拖动鼠标至另一个单元格。当通过两个单元格之间的边框时，最先选择的单元格会被选中。

④ 在选择不相邻的单元格时需要使用【Ctrl】键辅助。

（2）合并和拆分单元格

合并单元格是指将多个相邻的单元格合并为一个单元格，拆分单元格是指将一个单元格拆分为若干行若干列。通过对单元格的合并和拆分，可以灵活地调整表格的布局。

（3）修改表格属性

当选择表格需要修改的部分后，可以利用表格的"属性"面板进行修改，表格的"属性"面板如图 6-1-5 所示。

图 6-1-5　表格的"属性"面板

表格的"属性"面板中各元素的用途如下。

"行"和"列"后的文本框：设置表格的行数和列数。

"宽"后的文本框：设置表格的宽度。

"填充"和"间距"后的文本框：设置单元格的填充距离和单元格之间的距离。

"对齐"后的下拉列表框：设置表格与同行的其他网页内容的对齐方式。

"边框"后的文本框：设置表格的边框宽度。

按钮：将宽度转换为像素。

按钮：将宽度转换为百分比。

按钮：清除宽度。

按钮：清除高度。

2．实例操作

本任务将新建一个网页文件，插入一个表格并修改表格的属性，然后输入古诗内容，最终效果如图 6-1-6 所示。

微课视频 6.1.2

3．操作步骤

（1）插入表格。新建一个网页文件，单击"插入"→"Table"命令，插入一个 5 行 3 列的表格，设置表格的宽度为"600px"，边框为"1px"，单元格间距和单元格填充均为"0px"。表格的最终效果如图 6-1-7 所示。

（2）合并第 1 行单元格。选择表格第 1 行的所有单元格，单击"属性"面板中的"合并单元格"按钮，合并第 1 行单元格，如图 6-1-8 所示。

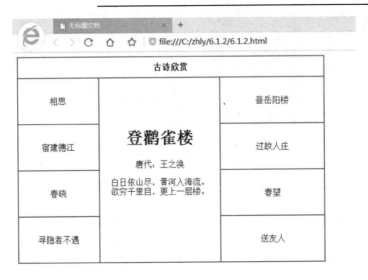

图 6-1-6　表格的最终效果

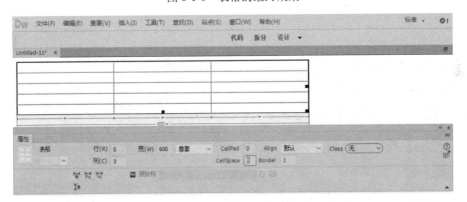

图 6-1-7　插入一个 5 行 3 列的表格

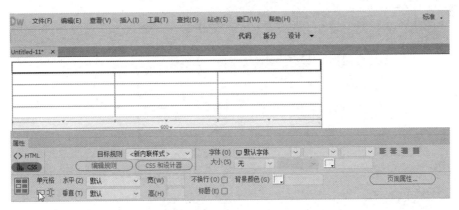

图 6-1-8　合并第 1 行单元格

（3）合并中间列单元格。选择表格第 2 列第 2～5 行的单元格，单击"属性"面板中的"合并单元格"按钮，合并单元格，如图 6-1-9 所示。

（4）设置第 1 行的行高。将光标定位在第 1 行单元格中，在"属性"面板中设置行高为"40px"，如图 6-1-10 所示。

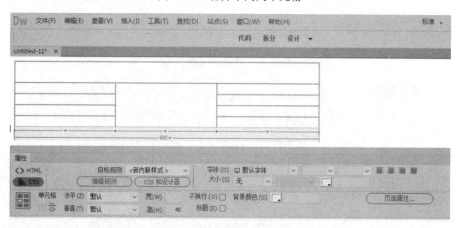

图 6-1-9　合并中间列单元格

图 6-1-10　设置第 1 行的行高

（5）设置第 2～5 行的行高。使用步骤（4）的方法，设置第 2～5 行的行高为"40px"，结果如图 6-1-11 所示。

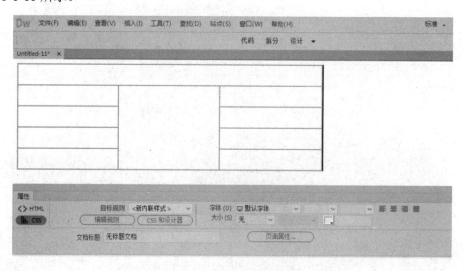

图 6-1-11　设置第 2～5 行的行高

（6）输入文本。输入样文所示的内容，如图 6-1-12 所示。

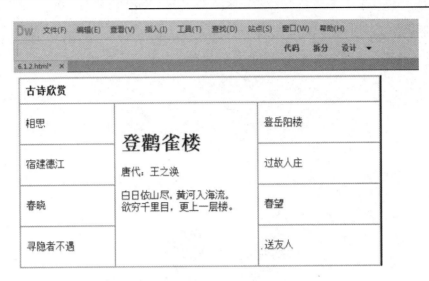

图 6-1-12　输入文本

（7）设置单元格的对齐方式。选择所有文字，在"属性"面板中设置单元格的对齐方式为"居中对齐"，如图 6-1-13 所示。

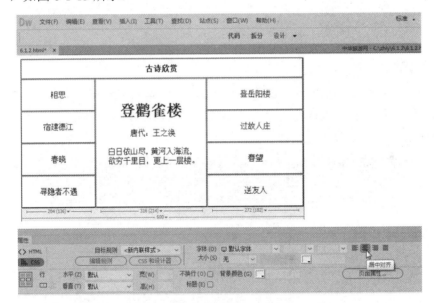

图 6-1-13　设置单元格的对齐方式

（8）保存文件，按【F12】键预览网页。

6.2　应用表格布局网页

1. 知识介绍

应用表格很容易对网页进行布局，将表格的边框属性设置为"0px"便可以不显示表格的边框。利用表格的此属性可以达到布局网页内容的目的。

2．实例操作

本任务将新建一个网页文件，利用表格完成布局，最终效果如图 6-2-1 所示。

图 6-2-1　表格布局网页的最终效果

3．操作步骤

（1）新建一个 7 行 4 列的表格。新建一个网页文件，单击"插入"→"Table"命令，插入一个 7 行 4 列的表格，设置表格的宽度为"600px"，表格的填充、间距、边框均为"0px"，如图 6-2-2 所示。

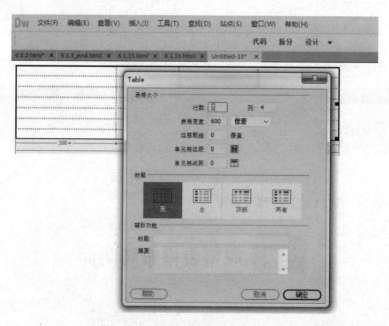

图 6-2-2　新建一个 7 行 4 列的表格

（2）合并第 1 行单元格。选择第 1 行的所有单元格，单击"属性"面板中的"合并单元格"按钮 ，合并第 1 行单元格，如图 6-2-3 所示。

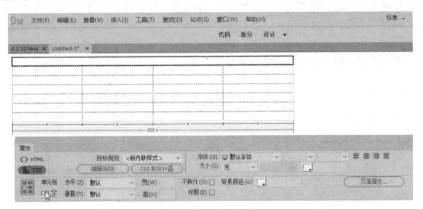

图 6-2-3　合并第 1 行单元格

（3）合并中间列单元格。合并表格第 2～4 列单元格，如图 6-2-4 所示。

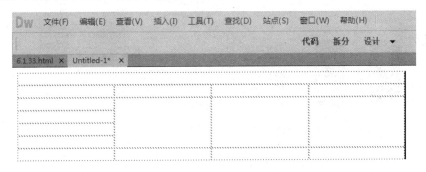

图 6-2-4　合并中间列单元格

（4）在表格第 1 行中插入图像，如图 6-2-5 所示。

图 6-2-5　插入第 1 行图像

（5）在表格最左列插入图像，如图 6-2-6 所示。

（6）在表格中间列插入图像，如图 6-2-7 所示。

（7）合并最后 1 行单元格，如图 6-2-8 所示。

（8）设置单元格的背景颜色。将光标定位在最后 1 行单元格中，在"属性"面板中设置背景颜色，如图 6-2-9 所示。

图 6-2-6　插入最左列图像

图 6-2-7　插入中间列图像

图 6-2-8　合并最后 1 行单元格

图 6-2-9　设置单元格的背景颜色

（9）在最后 1 行单元格中输入文字并设置对齐方式为"居中"，如图 6-2-10 所示。

（10）保存文件，按【F12】键预览网页。

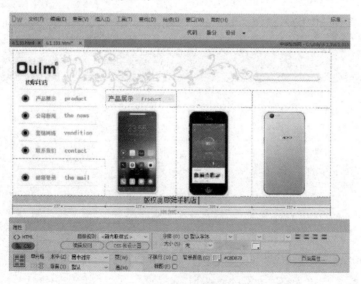

图 6-2-10　输入文字并设置对齐方式

6.3 实训——创建上海旅游网

6.3.1 实训目标

本实训的目标是通过制作网页，掌握表格布局的方法。本实训完成后的上海旅游网效果如图 6-3-1 所示。

图 6-3-1　上海旅游网效果

6.3.2 实训要求

（1）新建空白网页 6.3.html，插入一个 3 行 1 列的表格，宽度为"800px"。

（2）在第 2 行单元格中插入一个 1 行 7 列的表格，宽度为"800px"。

（3）在第 3 行单元格中插入一个 1 行 3 列的表格，宽度为"780px"。

（4）在第 3 行第 1 列单元格中插入一个 3 行 1 列的表格，宽度为"100%"。

（5）在第 3 行第 2 列单元格中插入一个 6 行 1 列的表格，宽度为"100%"。

（6）在第 3 行第 3 列单元格中插入一个 4 行 1 列的表格，宽度为"100%"。

微课视频 6.3

6.3.3 操作步骤

（1）插入一个 3 行 1 列的表格。新建网页 6.3.html，单击"插入"→"Table"命令，插入一个 3 行 1 列的表格，设置表格的宽度为"800px"，填充、间距和边框均为"0px"，如图 6-3-2 所示。

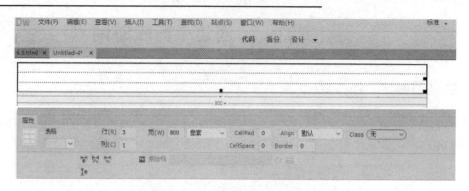

图 6-3-2　插入一个 3 行 1 列的表格

（2）在第 1 行中插入图像，如图 6-3-3 所示。

图 6-3-3　插入第 1 行图像

（3）在第 2 行中插入一个 1 行 7 列的表格。将光标定位在第 2 行，插入一个 1 行 7 列的表格，设置宽度为"800px"，如图 6-3-4 所示。

图 6-3-4　插入一个 1 行 7 列的表格

（4）制作导航内容。在第 2 行这个 1 行 7 列表格的第 1 个单元格中插入图像，第 2～7 个单元格中输入导航文字并设置单元格的背景颜色为"#3F678A"，如图 6-3-5 所示。

图 6-3-5　制作导航内容

（5）插入一个 1 行 3 列的表格。在第 3 行单元格中插入一个 1 行 3 列的表格，设置宽度为

"780px"，对齐方式为"居中对齐"，如图 6-3-6 所示。

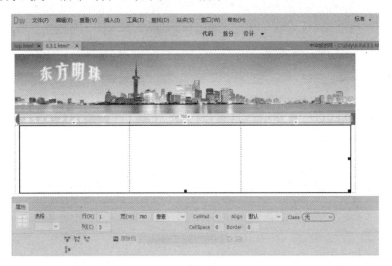

图 6-3-6　插入一个 1 行 3 列的表格

（6）插入一个 3 行 1 列的表格。在第 3 行这个 1 行 3 列表格的第 1 列，插入一个 3 行 1 列的表格，设置宽度为"100%"，垂直对齐方式为"顶端对齐"，如图 6-3-7 所示。

图 6-3-7　插入一个 3 行 1 列的表格

（7）插入图像。在上述 3 行 1 列的表格中插入图像，如图 6-3-8 所示。

（8）插入一个 6 行 1 列的表格。在第 3 行这个 1 行 3 列表格的中间单元格中插入一个 6 行 1 列的表格，设置表格宽度为"100%"，垂直对齐方式为"顶端对齐"，如图 6-3-9 所示。

（9）插入图像和文字。在上述 6 行 1 列的表格中插入图像和文字，如图 6-3-10 所示。

（10）插入一个 4 行 1 列的表格。在右侧单元格中插入一个 4 行 1 列的表格，设置表格宽度为"100%"，对齐方式为"顶端对齐"，如图 6-3-11 所示。

（11）插入图像。在上述 4 行 1 列的表格中插入图像，如图 6-3-12 所示。

（12）输入文字。在网页最底部输入文字，如图 6-3-13 所示。

（13）保存文件，按【F12】键浏览网页。

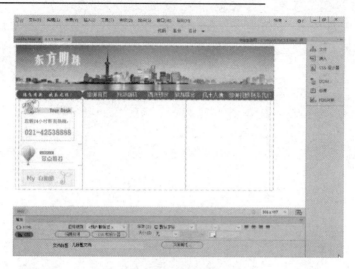

图 6-3-8　插入图像

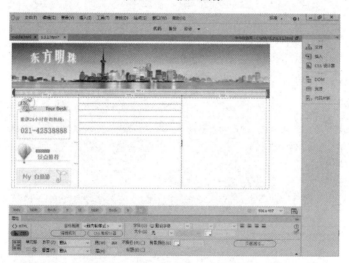

图 6-3-9　插入一个 6 行 1 列的表格

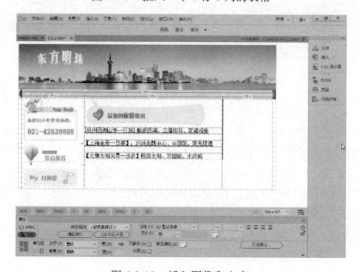

图 6-3-10　插入图像和文字

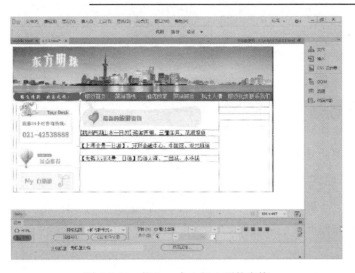

图 6-3-11　插入一个 4 行 1 列的表格

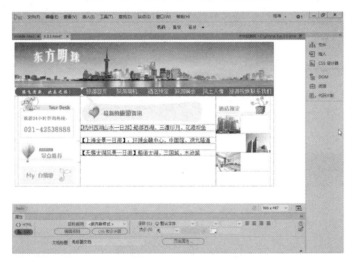

图 6-3-12　插入图像

图 6-3-13　输入文字

自我检测

1．填空题

（1）表格的组成元素为_____、_____、_____。

（2）当应用表格布局网页时，处理复杂表格可以使用_____模式。

（3）表格宽度的两个单位是_____、_____。

2．操作题

（1）在新建网页中插入一个 3 行 3 列的表格，设置宽度为"100%"。

（2）应用表格布局网页的方法设计一个网页。

第7章

超链接

7.1 常用的超链接

7.1.1 认识超链接

互联网是由无数个链接组成的，如果没有链接，也就不存在互联网。超链接可以实现网页之间的跳转，使之成为具有相互联系的网页，从而构成一个网站。常用的超链接类型有文字超链接、图片超链接、图像热点超链接、电子邮件超链接、锚点超链接、空链接、脚本超链接等。

7.1.2 绝对超链接和相对超链接

绝对超链接是包括服务器规范在内的完全路径，绝对地址的 URL 格式为"协议：//域名/目录/文件名"。绝对超链接不管源文件在什么位置都可以非常精确地找到，除非目标文档位置发生了变化。

相对超链接可以表述源端点和目标端点之间的相互位置，它和源端点的位置密切相关。相对超链接只能链接到站点内部的页面。如网页文件位于网站的根目录，并且网页的文件名为index.html，如果要链接到网站根目录下的 ok.html 文件，则链接的地址为"/ok.html"。

7.1.3 图片超链接和文字超链接

1. 知识介绍

图片超链接是以图片为链接源的超链接，文字超链接是以文字为链接源的超链接。

2. 实例操作

本任务将练习文档 7.1.3.html 中的图片"返回首页"链接到"7.1.3.html"，实现网页中图片的超链接。将文字"网站建设"链接到站点内的"file/page2.html"，实现网页中文字的超链接，最终效果如图 7-1-1所示。

微课视频 7.1.3

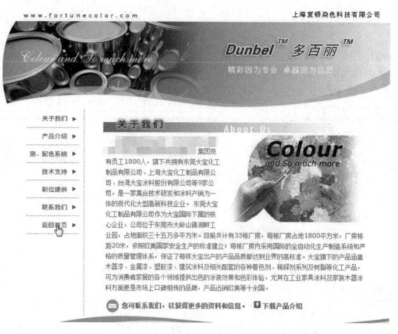

图 7-1-1　图片超链接和文字超链接效果

3．操作步骤

（1）打开练习文档 7.1.3.html，选择图片"返回首页"，在"属性"面板中的"链接"后的文本框内输入链接地址"7.1.3.html"，然后按【Enter】键，这就是设置图像超链接，如图 7-1-2 所示。

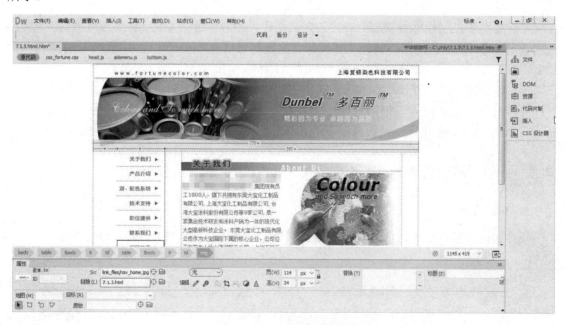

图 7-1-2　设置绝对超链接

（2）选择页面底部文字"网站建设"，单击"属性"面板中的"链接"后的"浏览文件"按钮，打开"选择文件"对话框，在该对话框中选择"file/page2.html"文件，这就是设置相对超链接，如图 7-1-3 所示。

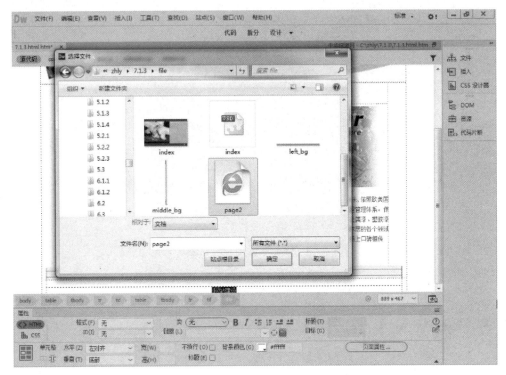

图 7-1-3 设置相对超链接

（3）保存文件，按【F12】键预览网页。单击链接的图片和文字，可以看到网页跳转到所链接的目标网页。

7.1.4 图像热点超链接

1．知识介绍

所谓图像热点超链接是指在一个图像中选取某个部分创建超链接的功能。在图像的不规则部分创建超链接时，可以使用该功能。图像热点超链接的原理是利用 HTML 语言在图像上定义一个区域，然后给这个区域加上超链接，这个区域就被称为热点。

图像的热点区域可以是矩形、圆形和自定义图形等。

2．实例操作

本任务将练习文档 7.1.4.html 中图像的"手形部分"链接到"7.1.4.html"，以实现网页中图像热点超链接，最终效果如图 7-1-4 所示。

微课视频 7.1.4

3．操作步骤

（1）打开练习文档 7.1.4.html，选择图像的"手形部分"，在"属性"面板中显示图像的属性，如图 7-1-5 所示。

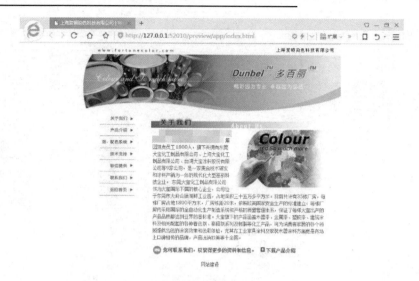

图 7-1-4　设置图像热点超链接效果

图 7-1-5　图像"属性"面板

（2）在"地图"后的文本框内输入一个专有的图像地图"map"。选择合适的绘图工具绘制热点，本任务使用圆形工具在图像中"手"的部位绘制图形热点，如图 7-1-6 所示。绘制热点后会在"属性"面板中显示"热点"属性，如图 7-1-7 所示。

图 7-1-6　绘制圆形热点

图 7-1-7　"热点"属性

（3）在"属性"面板中的"链接"后的文本框内输入需要链接的地址"7.1.4.html"，如图 7-1-8 所示。

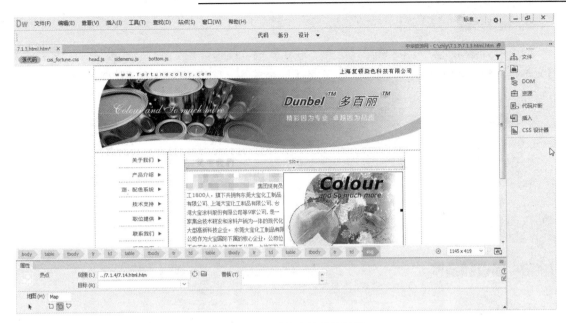

图 7-1-8　设置热点链接的地址

（4）保存网页，按【F12】键浏览网页。

7.1.5　电子邮件超链接

1. 知识介绍

各类网站上一般都有联系方式，电子邮件是普遍使用的联系方式。如果通过网站发送信息，则需要为网站设置电子邮件超链接。单击超链接即可打开 Outlook 窗口。

2. 实例操作

本任务将练习文档 7.1.5.html 中的"联系我们"设置成电子邮件超链接，当单击文字时自动向"vip@163.com"发送邮件，效果如图 7-1-9 所示。

微课视频 7.1.5

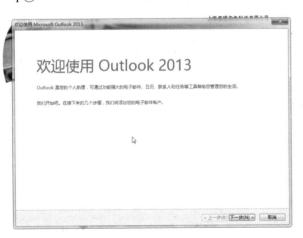

图 7-1-9　电子邮件超链接效果

3．操作步骤

（1）打开练习文档 7.1.5.html，选择"联系我们"图片，在"属性"面板中的"链接"后的文本框内输入"mailto:vip@163.com"，按【Enter】键，完成邮件超链接的设置，如图 7-1-10 所示。

图 7-1-10　设置邮件超链接

（2）保存文档，按【F12】键预览网页。

7.1.6　锚点超链接

1．知识介绍

锚点超链接是同一网页或不同网页的指定位置的链接。锚点常被用来实现跳转到特定主题或文档顶部的链接。

2．实例操作

本任务将练习文档 7.1.6.html 中的文字"沁园春·长沙"设置锚点超链接到网页中具体内容的位置，效果如图 7-1-11 所示。

微课视频 7.1.6

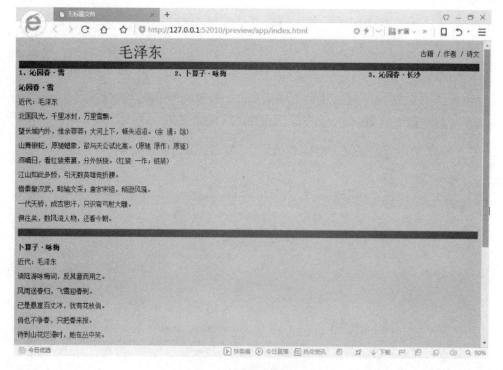

图 7-1-11　锚点超链接效果

3. 操作步骤

（1）打开练习文档 7.1.6.html，将光标定位在文字"沁园春·长沙"后，切换到代码视图，输入锚点标记，如图 7-1-12 所示。再切换到设计视图，结果如图 7-1-13 所示。

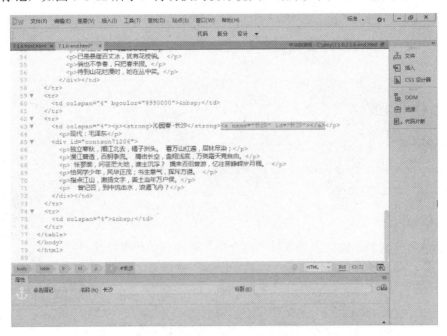

图 7-1-12　输入锚点标记

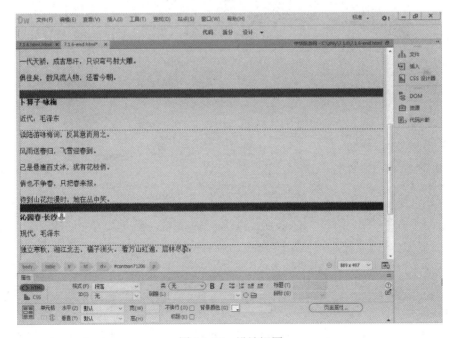

图 7-1-13　设计视图

（2）选择"沁园春·长沙"，在"属性"面板中"链接"后的文本框内输入"#长沙"，按【Enter】键，完成锚点超链接的设置，如图 7-1-14 所示。

图 7-1-14　设置锚点超链接

（3）保存文件，按【F12】键预览网页。当单击"沁园春·长沙"时，网页会自动跳转到锚点标记的位置。

7.1.7　下载超链接

1．知识介绍

浏览网页的过程中经常会遇到下载超链接，当超链接指向具体某个文件时就形成了下载超链接。

2．实例操作

本任务练习将文档中的文字"下载产品介绍"链接到文件夹中的"产品介绍"文件，并设置成下载超链接，效果如图 7-1-15 所示。

微课视频 7.1.7

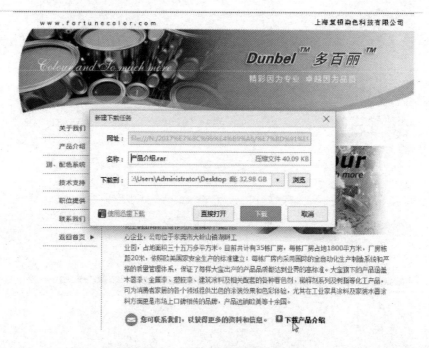

图 7-1-15　文件下载超链接效果

3．操作步骤

（1）打开练习文档 7.1.7.html，选择文字"下载产品介绍"，单击"属性"面板中的"链接"后的图标 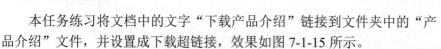，打开"选择文件"对话框，选择"产品介绍"文件，如图 7-1-16 所示。

（2）保存文件，按【F12】键预览网页。单击"下载产品介绍"，出现下载窗口。

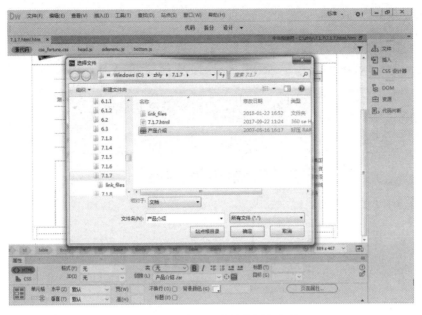

图 7-1-16　选择"产品介绍"文件

7.1.8　脚本超链接

1．知识介绍

脚本超链接可以让超链接链接到 JavaScript 代码，实现一些特殊功能。

2．实例操作

本任务将练习文档中的文字"关闭窗口"设置成脚本超链接，以实现关闭网页的效果，如图 7-1-17 所示。

微课视频 7.1.8

图 7-1-17　脚本超链接效果

3．操作步骤

（1）打开练习文档 7.1.8.html，选择文字"关闭窗口"，在"属性"面板中的"链接"后的文本框内输入"javascript:window.close()"，完成脚本超链接的设置，如图 7-1-18 所示。

图 7-1-18　设置脚本超链接

（2）保存文件，按【F12】键预览网页。单击"关闭窗口"按钮，即可关闭网页。

7.2　设置超链接目标

1．知识介绍

在选择链接文件的同时，可以在"属性"面板中的"目标"后的下拉列表中设置打开网页的位置，"目标"下拉列表如图 7-2-1 所示。

图 7-2-1　"目标"下拉列表

具体作用如下。

_blank：弹出一个新窗口中显示链接的网页。

_new：始终在同一新窗口中显示链接的网页。

_parent：在父窗口中显示链接的网页。

_self：在当前网页所在的窗口中显示链接的网页。

_top：在完整的浏览器中显示链接的网页。

2．实例操作

本任务将练习文档中的图片"产品介绍"设置成超链接，链接到文档 7.2.2.html，并在新窗口中打开链接文件，效果如图 7-2-2 所示。

微课视频 7.2

3．操作步骤

（1）打开练习文档 7.2.1.html，选择图片"产品介绍"，在"属性"面板中的"链接"后的文本框内设置链接文件为"7.2.2.html"，"目标"后的下拉列表选择"_blank"选项，如图 7-2-3 所示。

图 7-2-2　在新窗口打开链接文件效果

图 7-2-3　设置超链接及链接目标

（2）保存文件，按【F12】键预览网页。单击"产品介绍"选项，即可在新窗口中显示链接的文件。

<h2>7.3　实训——创建北京旅游网站</h2>

<h3>7.3.1　实训目标</h3>

本实训的目标是掌握网页超链接的使用，通过具体操作掌握各种超链接的设置方法。本实训完成后的北京旅游网效果如图 7-3-1 所示。

图 7-3-1　北京旅游网效果

<h3>7.3.2　实训要求</h3>

微课视频 7.3

（1）将练习文档 7.3.1.html 中的文字"友情链接"设置为绝对超链接，地址为"https://www.phei.com.cn/"。

（2）将练习文档 7.3.1.html 中的文字"北京简介"链接到"实训 7.3"文件夹下的"jianjie.html"。

（3）将练习文档中的"资料下载"链接到下载文件"北京旅游资料.rar"。

（4）将练习文档左边的华表图片设置为图像热点超链接，链接地址为"www.hxedu.com.cn"。

（5）将网页中的"意见反馈"设置为电子邮件超链接。

<h3>7.3.3　操作步骤</h3>

（1）设置绝对超链接。打开练习文档 7.3.1.html，选择文字"友情链接"，在"属性"面板中的"链接"后的文本框内输入地址"https://www.phei.com.cn/"，按【Enter】键完成绝对超链接的设置，如图 7-3-2 所示。

图 7-3-2　设置绝对超链接

（2）设置相对超链接。选择文字"北京简介"，在"属性"面板中单击"链接"后的图标 📁，打开"选择文件"对话框，在该对话框中选择"jianjie.html"文件，完成相对超链接的设置，如图 7-3-3 所示。

图 7-3-3　设置相对超链接

（3）设置下载超链接。在练习文档"jianjie.html"中选择文字"资料下载"，在"属性"面板中单击"链接"后的图标📁，选择"北京旅游资料.rar"文件，完成下载超链接的设置，如图 7-3-4 所示。

图 7-3-4　设置下载超链接

（4）设置图像热点超链接。首先在练习文档"jianjie.html"中选择"华表"图像，然后在"属性"面板中的"地图"选项中选择"矩形热点工具"，接着在"华表"位置创建一个矩形热点区域，最后在"属性"面板中的"链接"后的文本框内输入网址 www.hxedu.com.cn，完成图像热点超链接的设置，如图 7-3-5 所示。

图 7-3-5　设置图像热点超链接

（5）设置邮件超链接。首先在练习文档"jianjie.html"中选择导航栏文字"意见反馈"，然后在"属性"面板中的"链接"后的文本框内输入"vip@163.com"，为网页设置邮件超链接，如图 7-3-6 所示。

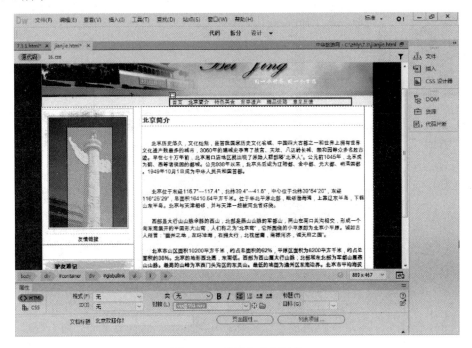

图 7-3-6　设置邮件超链接

（6）保存文件，按【F12】键预览网页。

自我检测

1．填空题

（1）网页超级链接分为＿＿＿＿＿＿和＿＿＿＿＿＿两种。

（2）当相对超链接的目标文件位置发生变化时，相应的链接会＿＿＿＿＿＿。

（3）超链接的目标设置在"属性"面板中的＿＿＿＿＿＿。

2．操作题

（1）设置一个文字超链接和一个图片超链接。

（2）设置图像热点超链接。

（3）设置邮件超链接和下载超链接。

第**8**章

表单与行为

8.1 表单应用

8.1.1 表单

随着网站功能的完善，用户对网页的要求不仅是获取信息，还希望有交互的功能。表单作为网页交互的一种元素，应用在网站的各个领域，其表现形式有问卷调查、网上交易、投票等。

表单是用户与网站交互的重要桥梁，因此在学习制作网站时，要实现网站的交互，表单的学习就非常重要。

8.1.2 创建表单

1．知识介绍

表单对应的 HTML 标签为<form>标签及其包含的各种表单元素，用来接受用户的内容或选项，它是用户与网站交互的重要桥梁。在添加表单后，文档中将以红色虚线标识表单区域。

Dreamweaver 的表单对象只能插入到红色虚线内。为了更合理地安排表单元素，可以使用表格来布局表单元素。

2．实例操作

本任务将新建一个网页文件，在网页中创建个人信息调查表，最终效果如图 8-1-1 所示。

微课视频 8.1.2

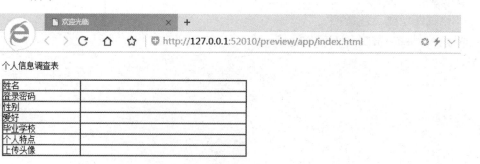

图 8-1-1　创建个人信息调查表效果

3．操作步骤

（1）新建一个网页文件，单击"插入"→"表单"→"表单"命令，插入一个表单，如图 8-1-2 所示。

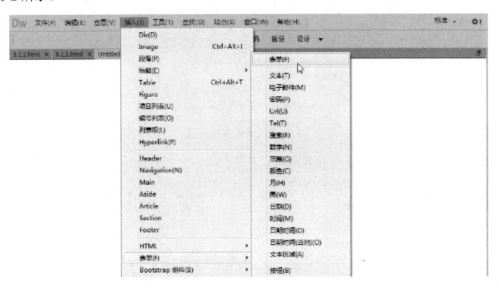

图 8-1-2　插入表单

（2）在红色表单区域内输入"个人信息调查表"，按【Enter】键。单击"插入"→"Table"命令，插入一个表格，参数如图 8-1-3 所示。

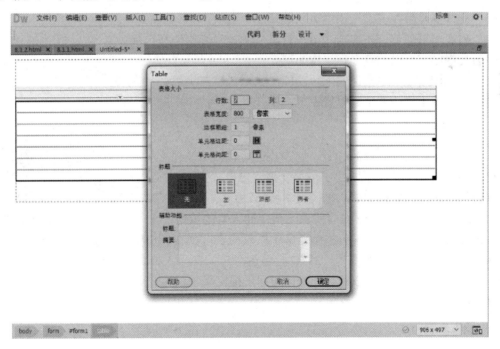

图 8-1-3　插入一个表格

（3）在表格内输入如图 8-1-4 所示内容。

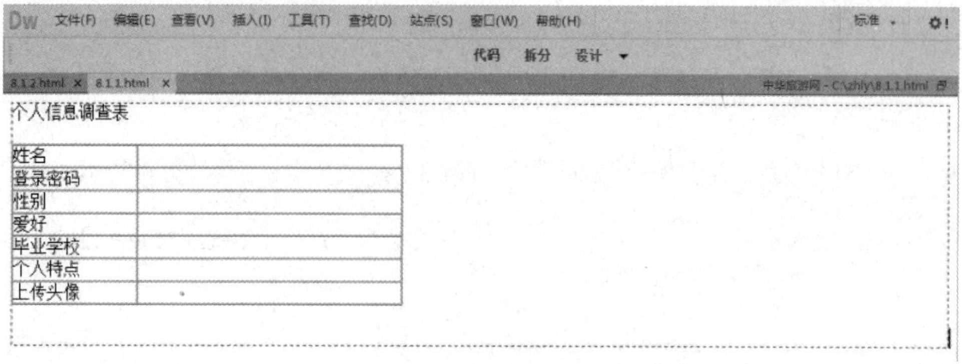

图 8-1-4　输入表格内容

（4）保存文件，按【F12】键预览网页。

8.1.3　添加常用表单元素

1. 知识介绍

Dreamweaver 表单对象包括文本域、文本区域、单选按钮、复选框、列表、文件域、按钮等。

（1）文本域可以输入文本，如名称、标题等。可以设置文本域的宽度、单行显示、多行显示、密码显示等属性。

（2）单选按钮是指在多个选项中仅能选择一项。

（3）复选框是指在多个选项中可以选择多个选项。

（4）列表可以创建列表选项，用户可以从下拉列表中选择选项。

（5）文本区域可以创建多行文本区域。

（6）文件域用于实现文件的上传功能，如上传用户头像。

（7）按钮用于提交表单或重置表单操作。

2. 实例操作

本任务将在 8.1.2 的基础上插入对应的表单元素。在"姓名"对应的单元格中插入文本域，设置文本域的字符宽度为"15"，名称为"xingming"；在"登录密码"对应的单元格中插入密码文本域，设置文本域的字符宽度为"15"，

微课视频 8.1.3

名称为"mima"；在"性别"对应的单元格中插入单选按钮；在"爱好"对应的单元格中插入多选按钮；在"毕业学校"对应的单元格中插入列表；在"个人特点"对应的单元格中插入文本区域，设置文本区域的宽度为"20"，行数为"5"；在"上传头像"对应的单元格中插入文件域；在表格下方插入两个按钮，一个按钮用于提交表单，另一个按钮用于重置表单。本任务的最终效果如图 8-1-5 所示。

3. 操作步骤

（1）打开练习文档 8.1.2.html，将光标定位在表格中"姓名"右边对应的单元格中，单击"插入"→"表单"→"文本"命令，插入姓名文本域，如图 8-1-6 所示。

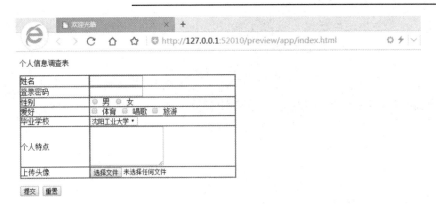

图 8-1-5　插入表单元素效果

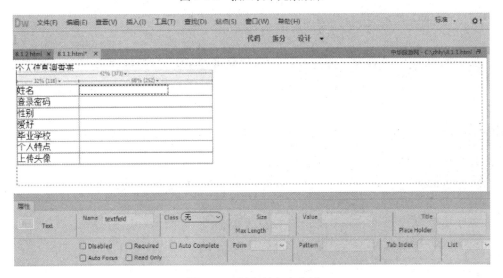

图 8-1-6　插入姓名文本域

（2）设置姓名文本域的名称。选择文本域，在"属性"面板中设置"Name"为"xingming"，如图 8-1-7 所示。

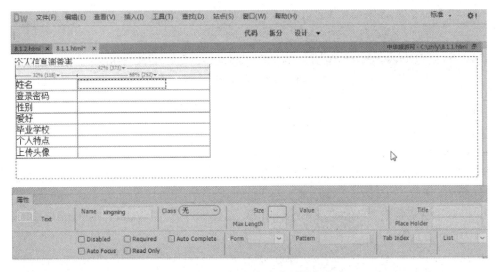

图 8-1-7　设置姓名文本域的名称

（3）设置姓名文本域的宽度。选择文本域，在"属性"面板中设置"Size"为"15"，如图 8-1-8 所示。

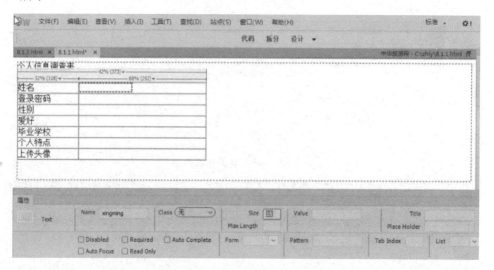

图 8-1-8　设置姓名文本域的宽度

（4）将光标定位在表格中"登录密码"右边对应的单元格中，单击"插入"→"表单"→"密码"命令，插入密码文本域，如图 8-1-9 所示。

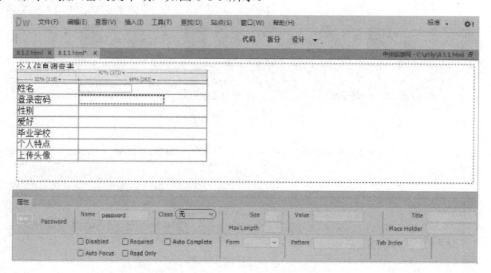

图 8-1-9　插入登录密码文本域

（5）选择登录密码文本域，在"属性"面板中设置"Size"为"15"，"Name"为"mima"，如图 8-1-10 所示。

（6）将光标定位在表格中"性别"右边对应的单元格中，单击"插入"→"表单"→"单选按钮"命令，插入单选按钮，如图 8-1-11 所示。

（7）设置单选按钮的"Name"为"xingbie"，标签为"男"，"Value"为"nan"，如图 8-1-12 所示。

（8）使用步骤（6）～步骤（7）的方法，插入另一个单选按钮。设置"Name"为"xingbie"，标签为"女"，"Value"为"nv"，如图 8-1-13 所示。

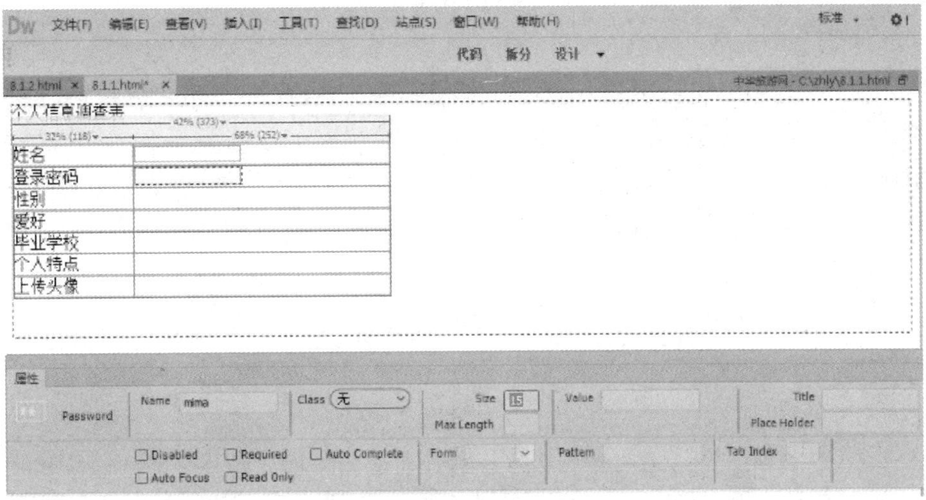

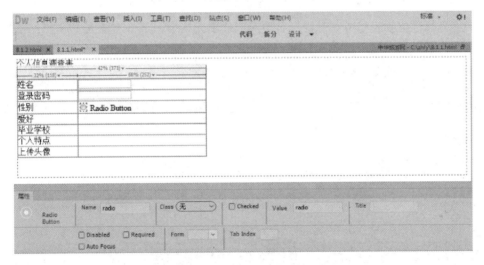

图 8-1-10　设置登录密码文本域属性

图 8-1-11　插入单选按钮

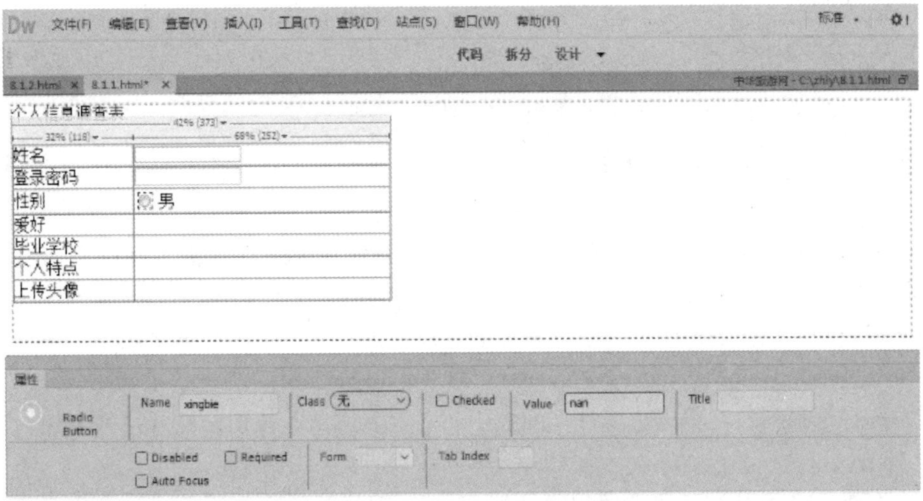

图 8-1-12　设置"男"单选按钮

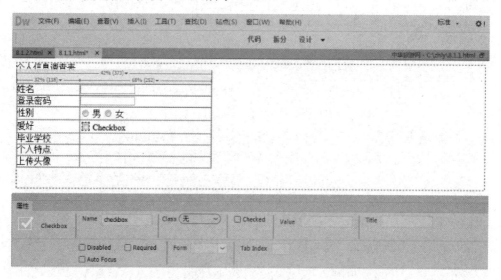

图 8-1-13　设置"女"单选按钮

（9）将光标定位到表格中"爱好"右边对应的单元格中，单击"插入"→"表单"→"复选框"命令，插入复选框，如图 8-1-14 所示。

图 8-1-14　插入复选框

（10）设置复选框的"Name"为"aihao"，标签为"体育"，"Value"为"tiyu"，如图 8-1-15所示。

（11）使用步骤（9）～步骤（10）的方法，插入其他复选框。设置"Name"均为"aihao"，标签分别为"唱歌"和"旅游"，"Value"分别为"changge"和"lvyou"，结果如图 8-1-16 所示。

（12）将光标定位在表格中"毕业学校"右边对应的单元格中，单击"插入"→"表单"→"选择"命令，插入选择列表，设置"Name"为"biyexuexiao"，如图 8-1-17 所示。

（13）选择选择列表，单击"属性"面板中的"列表值…"按钮，打开"列表值"对话框，如图 8-1-18 所示。

（14）在"列表值"对话框中单击 按钮，增加列表项，输入如图 8-1-19 所示内容。

（15）使用步骤（14）的方法插入其他列表项，单击"确定"按钮，结果如图 8-1-20 所示。

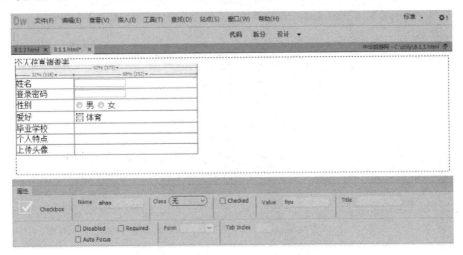

图 8-1-15　插入"体育"复选框

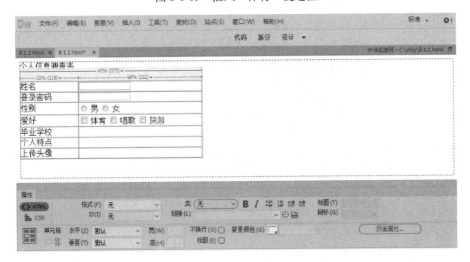

图 8-1-16　插入"唱歌"和"旅游"复选框

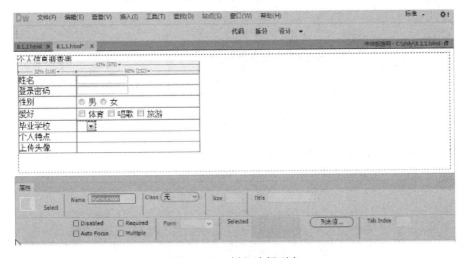

图 8-1-17　插入选择列表

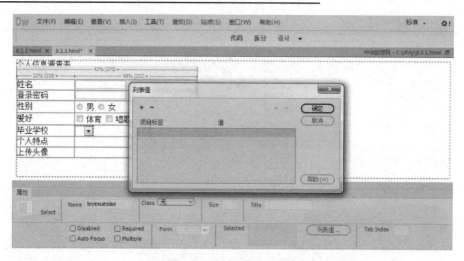

图 8-1-18　"列表值"对话框

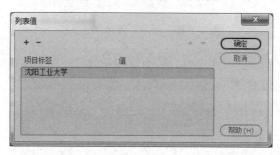

图 8-1-19　输入列表值

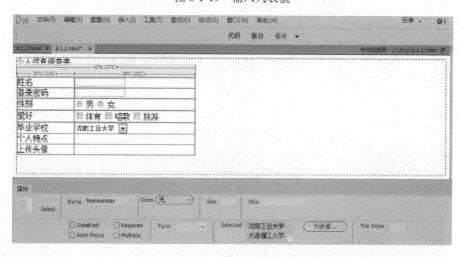

图 8-1-20　插入其他列表项

（16）将光标定位在表格中"个人特点"右边对应的单元格中，单击"插入"→"表单"→"文本区域"命令，插入多行文本区域，设置"Name"为"gerentedian"，如图 8-1-21 所示。

（17）选择文本区域，在"属性"面板中设置"Rows"为"5"，"Cols"为"20"，如图 8-1-22 所示。

（18）将光标定位在表格中"上传头像"右边对应的单元格中，单击"插入"→"表单"→"文件"命令，插入文件域，设置"Name"为"wenjian"，如图 8-1-23 所示。

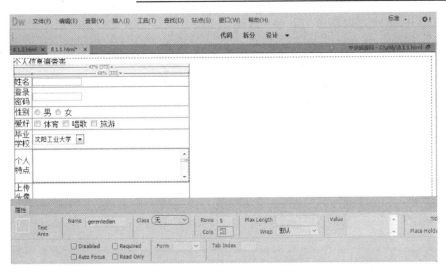

图 8-1-21　插入多行文本区域

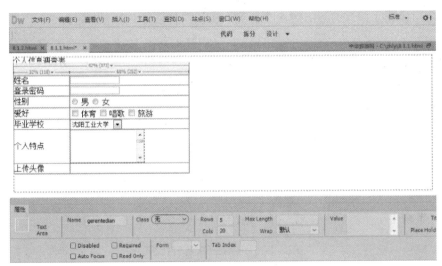

图 8-1-22　设置多行文本区域属性

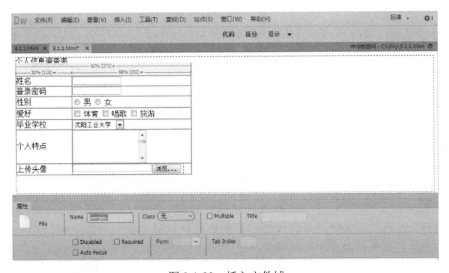

图 8-1-23　插入文件域

（19）将光标定位在表格下方，单击"插入"→"表单"→"提交按钮"命令，插入"提交"按钮，如图 8-1-24 所示。

图 8-1-24　插入"提交"按钮

（20）使用步骤（19）的方法插入"重置"按钮，如图 8-1-25 所示。

图 8-1-25　插入"重置"按钮

（21）保存文件，按【F12】键预览网页。

8.1.4　提交表单

1．知识介绍

提交表单有两种方法，一种是 POST，另一种是 GET。POST 方法是将 HTTP 的请求嵌入表单数据中，GET 方法是将值附加到请求该页面的 URL 中。

对于由 GET 方法传递的参数所生成的动态页，可添加书签，这是因为重新生成页面所需的全部值都包含在浏览器地址中显示的 URL 中。与此相反，由 POST 方法传递的参数所生成的动态页，不可添加书签。

如果收集用户名和密码、信用卡号或其他机密信息，则 POST 方法比 GET 方法更安全。但是，由 POST 方法发送的信息未经加密，容易被黑客获取。若要确保安全性，则需要通过安全的链接与安全的服务器相连。

2. 实例操作

本任务将在 8.1.3 的基础上提交表单，将表单提交到一个电子邮箱，最终效果如图 8-1-26 所示。

微课视频 8.1.4

练习文档	\练习文档\第 8 章\8.1.3.html
微课视频	\视频\第 8 章\ 8.1.4

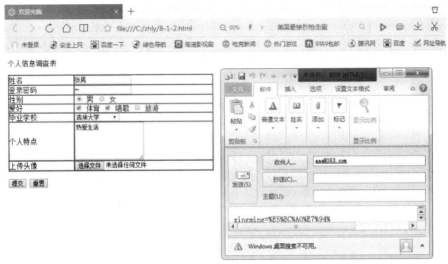

图 8-1-26 提交表单效果

3. 操作步骤

（1）打开练习文档 8.1.3.html，单击"提交"按钮，设置"属性"面板的动作为"mailto:aaa@163.com"，如图 8-1-27 所示。

图 8-1-27 设置提交表单属性

（2）保存文件，按【F12】键预览网页。

8.1.5 日期和时间

1．知识介绍

可以在表单中插入日期和时间，这样便于使用。

2．实例操作

本任务将新建一个网页文件，插入表单，并在表单中插入文本域、日期和时间，最终效果如图 8-1-28 所示。

微课视频 8.1.5

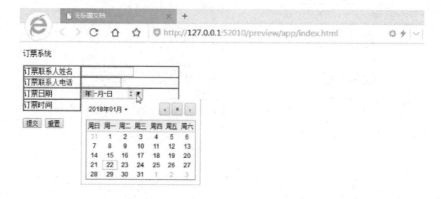

图 8-1-28　插入文本域、日期和时间效果

3．操作步骤

（1）新建一个网页文件，单击"插入→表单→表单"命令，插入表单，如图 8-1-29 所示，在表单中插入表格并输入文本内容。

图 8-1-29　插入表单

（2）将光标定位在"订票联系人姓名"右边的单元格中，单击"插入"→"表单"→"文本"命令，插入姓名文本域，在属性面板中设置"Size"为"15"，如图 8-1-30 所示。

（3）将光标定位在"订票联系人电话"右边的单元格中，单击"插入→表单→Tel"命令，插入电话文本域，在属性面板中设置"Size"为"10"，如图 8-1-31 所示。

（4）将光标定位在"订票日期"右边的单元格中，单击"插入"→"表单"→"日期"命令，插入日期域，如图 8-1-32 所示。

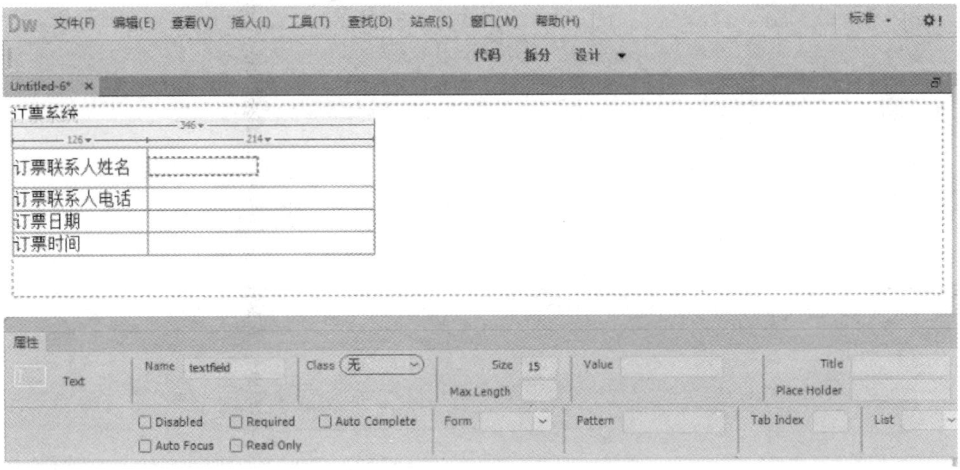

图 8-1-30　插入姓名文本域

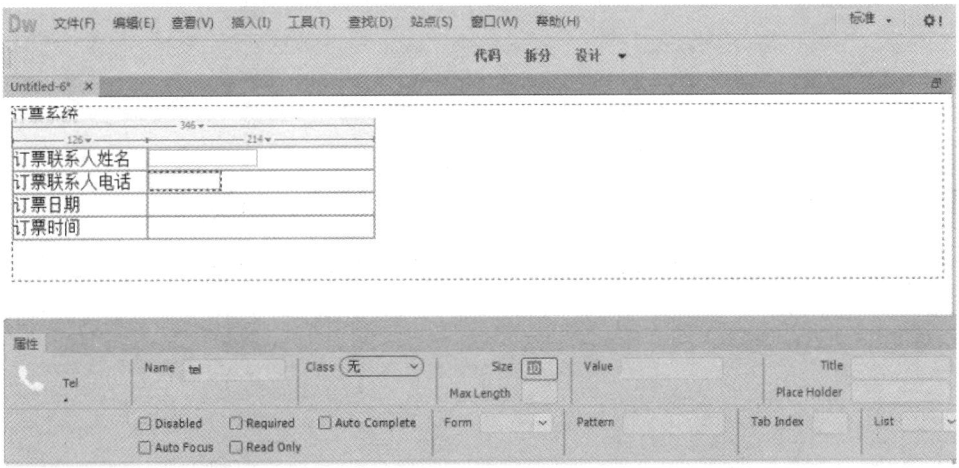

图 8-1-31　插入电话文本域

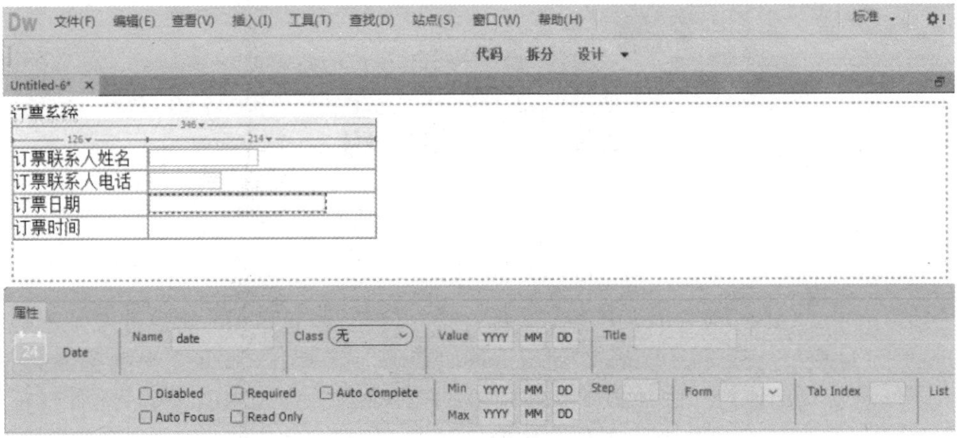

图 8-1-32　插入日期域

（5）将光标定位在"订票时间"右边的单元格中，单击"插入"→"表单"→"时间"命令，插入时间域，如图 8-1-33 所示。

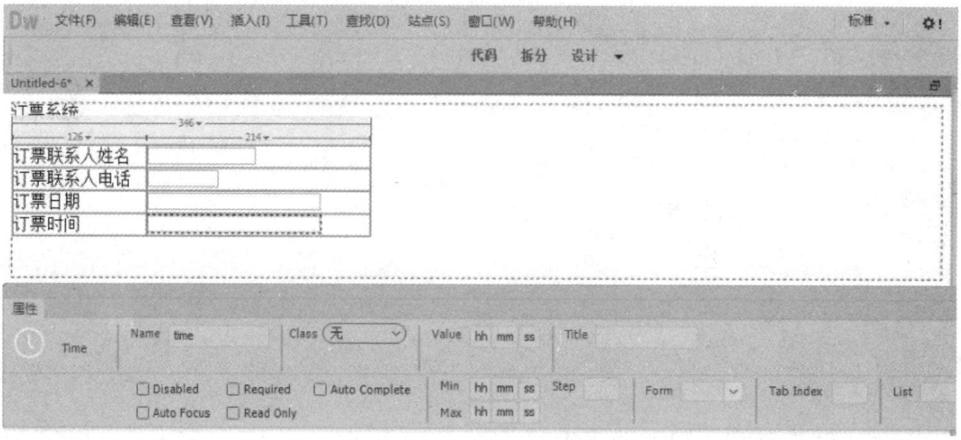

图 8-1-33　插入时间域

（6）在表单下方插入"提交"和"重置"按钮，如图 8-1-34 所示。

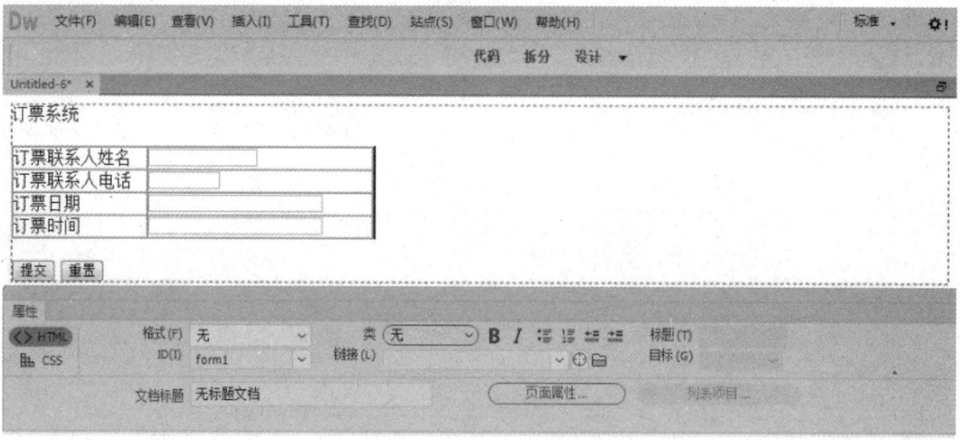

图 8-1-34　插入"提交"和"重置"按钮

（7）保存文件，按【F12】键预览网页。

8.2　行为应用

8.2.1　行为

　　行为是 Dreamweaver CC 2017 中非常重要的概念，它与 JavaScript 有着非常紧密的关系。JavaScript 是一种典型的网页脚本程序，而行为代码实际上就是由一些预定义的 JavaScript 脚本程序构成的。行为需要通过一定的事件来触发脚本程序才能实现预想的效果，事件是触发行为的原因，行为是事件的直接后果，两者缺一不可。

　　行为的各项基本操作都在"行为"面板中完成，如添加行为、删除行为和编辑行为等。单击"窗口"→"行为"命令，可以打开"行为"面板，如图 8-2-1 所示。

图 8-2-1　"行为"面板

8.2.2 检查表单

1．知识介绍

向表单中输入信息时难免出现一些错误，Dreamweaver 能够对其中的某些错误进行检查，并予以提示，这在一定程度上保证了数据的正确性和有效性。Dreamweaver 能够对以下 4 种错误进行自动检查。

（1）有的文本框规定不能为空，输入表单时必须填写相应信息，而在实际使用表单时并未填写任何内容。

（2）有的文本框规定输入 E-mail 地址，但是输入的信息不符合 E-mail 地址的格式。

（3）有的文本框规定输入数值，但实际输入了非数值信息。

（4）有的文本框规定输入数值，并且指定了数值范围，但实际输入的数值不符合要求。

Dreamweaver 提供了"检查表单"行为，在设计表单时，只要使用"检查表单"行为进行必要的设置，Dreamweaver 就能将上述错误检查出来，并给出相应的提示信息。

2．实例操作

本任务将练习文档中的"购货单位"和"联系人"设置为"不能为空"，"联系电话"设置为"必需的"和"数字"，"电子信箱"设置为"必需的"和"电子邮件地址"，当提交表单时进行检查，最终效果如图 8-2-2 所示。

微课视频 8.2.2

图 8-2-2　检查表单效果

3．操作步骤

（1）打开练习文档 8.2.2.html，选择表单标签，如图 8-2-3 所示。

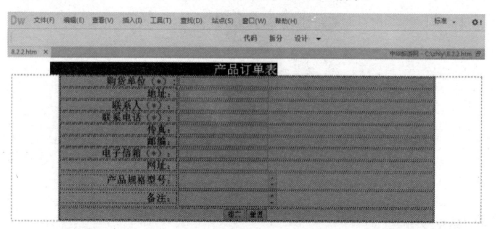

图 8-2-3　选择表单标签

（2）单击"窗口"→"行为"命令，打开"行为"面板，如图 8-2-4 所示。

（3）单击 + 按钮，在弹出的列表中选择"检查表单"命令，如图 8-2-5 所示。

图 8-2-4　"行为"面板

图 8-2-5　"检查表单"命令

（4）在"检查表单"对话框中，设置"unit"和"address"为"必需的"。当提交表单时检查购货单位和联系人是否为空，如图 8-2-6 所示。

（5）在"检查表单"对话框中，设置"tel"为"必需的"和"数字"。当表单提交时检查电话是否为空，是否为数字，如图 8-2-7 所示。

（6）在"检查表单"对话框中，设置"email"为"必需的"和"电子邮件地址"。当表单提交时检查电子邮件地址是否为空，电子邮件格式是否正确，如图 8-2-8 所示。

（7）单击"确定"按钮，完成行为的添加。添加"检查表单"后的"行为"面板如图 8-2-9 所示。

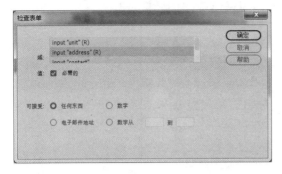

图 8-2-6 设置"unit"和"address"为"必需的"

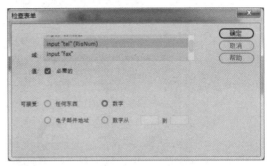

图 8-2-7 设置"tel"为"必需的"和"数字"

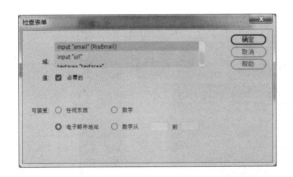

图 8-2-8 设置 email 为"必需的"和"电子邮件地址"

图 8-2-9 添加"检查表单"后的"行为"面板

（8）保存文件，按【F12】键预览网页。

8.2.3 弹出信息和设置状态栏文本

1．知识介绍

在网页中经常需要打开对话框提醒访问者,该功能可以通过 Dreamweaver CC 2017 中的"弹出信息"行为来实现。

通过"设置状态栏文本"可以设置状态栏文本。

2．实例操作

本任务将在练习文档中设置弹出信息"欢迎光临我的网站",设置状态栏文本为"光大依波表欢迎您",最终效果如图 8-2-10 所示。

微课视频 8.2.3

3．操作步骤

（1）打开练习文档 8.2.3.html,在状态栏选择<body>标签,如图 8-2-11 所示。

图 8-2-10　设置弹出信息和状态栏文本效果

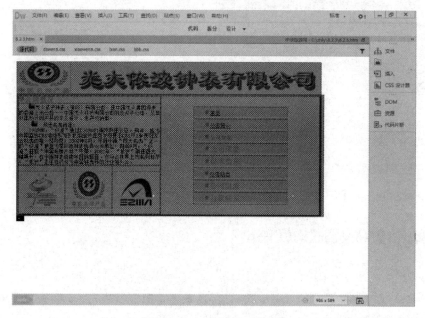

图 8-2-11　选择<body>标签

（2）单击"窗口"→"行为"命令，打开"行为"面板。单击"行为"面板中的 ✦ 按钮，在弹出的列表中选择"弹出信息"命令，如图 8-2-12 所示。

（3）在"弹出信息"对话框中设置弹出信息文本，如图 8-2-13 所示。

（4）单击"确定"按钮，完成行为的添加。添加"弹出信息"后的"行为"面板如图 8-2-14 所示。

（5）在状态栏选择<body>标签，单击"行为"面板中的 ✦ 按钮，在弹出的列表中选择"设置文本"→"设置状态栏文本"命令，如图 8-2-15 所示。

图 8-2-12　"弹出信息"命令

图 8-2-13　"弹出信息"对话框

图 8-2-14　添加"弹出信息"后的"行为"面板

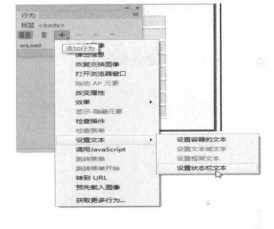

图 8-2-15　"设置状态栏文本"命令

（6）在"设置状态栏文本"对话框中"消息"后的文本框内输入"光大依波表欢迎您"，如图 8-2-16 所示。

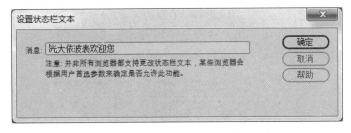

图 8-2-16　"设置状态栏文本"对话框

（7）单击"确定"按钮，完成行为的添加，添加"设置状态栏文本"后的"行为"面板如图 8-2-17 所示。

（8）在"行为"面板中将事件改为"onload"，如图 8-2-18 所示。

（9）保存文件，按【F12】键预览网页。

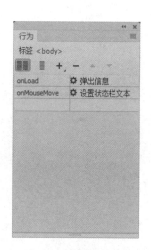

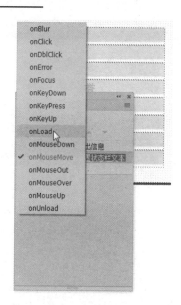

图 8-2-17　添加"设置状态栏文本"后的"行为"面板　　　　图 8-2-18　修改事件

8.2.4 打开浏览器窗口

1．知识介绍

"打开浏览器窗口"行为常被称作"弹窗"行为。在 Dreamweaver CC 2017 中，弹窗除可以设置其载入的页面 URL 地址外，还可以设置它的高度、宽度、弹出位置、是否显示菜单栏和是否显示工具栏等属性。

2．实例操作

本任务将在练习文档中设置打开浏览器窗口，设置文件为"tanchu.html"，弹出窗口大小为"300×300px"，最终效果如图 8-2-19 所示。

微课视频 8.2.4

图 8-2-19　打开浏览器窗口效果

3．操作步骤

（1）打开练习文档 8.2.4.html，在状态栏选择<body>标签，如图 8-2-20 所示。

图 8-2-20　选择<body>标签

（2）单击"行为"面板中的 ⁺ 按钮，在弹出的列表中选择"打开浏览器窗口"命令，如图 8-2-21 所示。

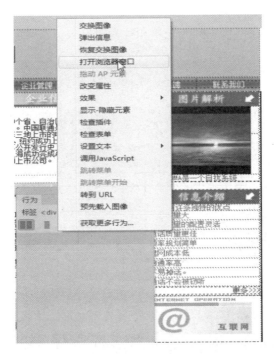

图 8-2-21　"打开浏览器窗口"命令

（3）在"打开浏览器窗口"对话框中设置要打开的 URL 文件和属性，如图 8-2-22 所示。

（4）单击"确定"按钮，完成行为的添加，添加"打开浏览器窗口"后的"行为"面板如图 8-2-23 所示。

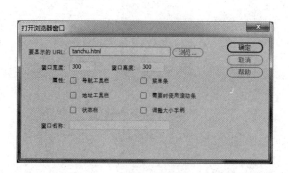

图 8-2-22　"打开浏览器窗口"对话框

图 8-2-23　添加"打开浏览器窗口"
后"行为"面板

（5）保存文件，按【F12】键预览网页。

8.3　实训——创建旅游反馈调查网页

8.3.1　实训目标

本实训的目标是掌握在网页中插入表单和行为的方法。本实训完成后的旅游反馈调查网页效果如图 8-3-1 所示。

图 8-3-1　旅游反馈调查网页效果

8.3.2 实训要求

（1）在练习文档中插入表单，在表单内插入一个 8 行 2 列的表格并输入文字。

（2）插入表单元素，"姓名"是单行文本框显示；"密码"是单行文本框、密码显示；"性别"是列表显示；"联系电话"是单行文本框显示；"邮箱地址"是单行文本框显示；"是否满意此次旅行"是单选按钮显示；"曾经去过哪些地方旅游"是复选框显示；"有何意见"是文本域显示。添加"提交"按钮和"重置"按钮。

（3）设置表单提交的邮箱为"gl@163.com"。

（4）设置提交表单时检查表单元素，设置"姓名"和"密码"是"必需的"；设置"联系电话"是"必需的"，仅接受"数字"内容；设置检查邮箱格式。

微课视频 8.3

8.3.3 操作步骤

（1）插入表单。打开练习文档 8.3.html，将光标定位在网页中，单击"插入"→"表单"→"表单"命令，插入表单，如图 8-3-2 所示。

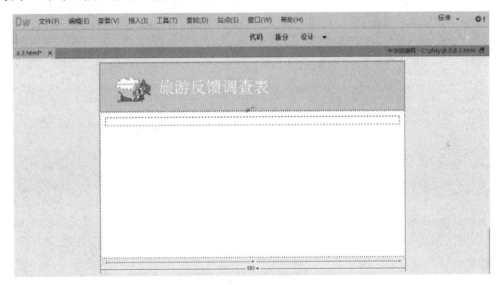

图 8-3-2 插入表单

（2）创建表格。将光标定位在表单内，单击"插入"→"Table"命令，插入一个 8 行 2 列的表格，并输入内容，如图 8-3-3 所示。

（3）插入表单元素。将光标定位在表格中"姓名"右边对应的单元格中，单击"插入"→"表单"→"文本"命令，插入文本域，设置文本域的"name"为"xingming"，宽度为"15"；将光标定位在表格中"密码"右边对应的单元格中，单击"插入"→"表单"→"密码"命令，插入文本域，设置文本域的"name"为"mima"，宽度为 15；将光标定位在表格中"性别"右边对应的单元格中，单击"插入"→"表单"→"选择"命令，插入列表，设置列表的"name"为"xingbie"，标签分别为"男"和"女"；将光标定位在表格中"联系电话"右边对应的单元格中，单击"插入"→"表单"→"Tel"命令，插入文本域，设置文本域的"name"为"dianhua"，宽度为"15"；将光标定位在表格中"邮件地址"右边对应的单元格，单击"插入"→"表单"→"电子邮件"命令，插入文本域，设置文本域的"name"为"email"，宽度为"15"；将光标定位在"是否满意此次旅游"单元格右边对应的单元格中，单击"插入"→"表单"→"单选按钮"命令，插入 2 个单选按钮，设置这 2 个单选按钮的"name"为"manyi"，标签分别为"是"和"否"；将光标定位在表格中"曾经去过哪些地方旅游"右边对应的单元格中，单击"插入"→"表单"→"复选框"命令，插入 3 个复选框，设置 3 个复选框的"name"为"jingli"，标签分别为"北京""上海""杭州"；将光标定位在表格中"有何意见"右边对应的单元格中，单击"插入"→"表单"→"文本区域"命令，插入文本区域，设置文本区域的"name"为"yijian"，宽度为"20"，行数为"5"；将光标定位在表格下方，插入 2 个按钮，分别为"提交"按钮和"重置"按钮，结果如图 8-3-4 所示。

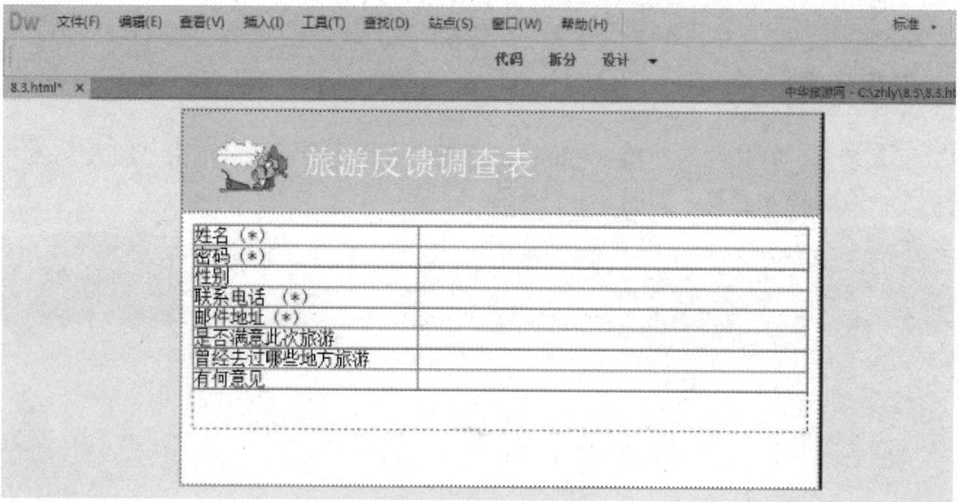

图 8-3-3　创建表格

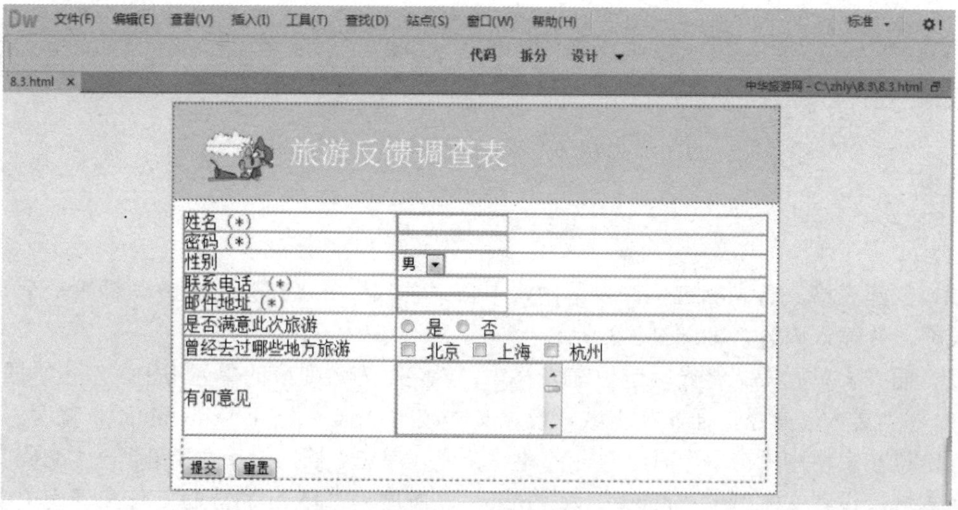

图 8-3-4　插入表单元素

（4）设置表单提交。在状态栏选择<form>表单标签，并在"属性"面板中设置动作为

"mailto:gl@163.com"，如图 8-3-5 所示。

图 8-3-5　设置表单提交

（5）设置"检查表单"行为。在状态栏选择<form>表单标签，单击"窗口"→"行为"命令，打开"行为"面板，单击"行为"面板中的 **+.** 按钮，在弹出的列表中选择"检查表单"命令，弹出"检查表单"对话框，如图 8-3-6 所示。在"检查表单"对话框中设置检查表单行为，设置"姓名""密码"是"必需的"；设置"联系电话"是"必需的"，仅接受"数字"内容；设置检查邮箱格式。

（6）单击"确定"按钮，完成行为的添加。添加"检查表单"后的"行为"面板如图 8-3-7 所示。

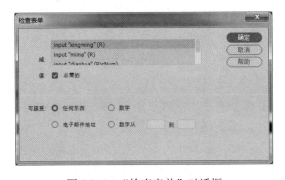

图 8-3-6　"检查表单"对话框

图 8-3-7　添加"检查表单"后的"行为"面板

（7）保存文件，按【F12】键预览网页。

自我检测

1．填空题

（1）Dreamweaver CC 2017 中用户交流可以通过_____来实现。

（2）如果在几个选项中只能选择一个选项，则可以通过表单的_____来实现。

（3）如果在几个选项中可以选择多个选项，则可以通过表单的_____来实现。

（4）"检查表单"功能通过_____面板来添加。

2．操作题

（1）制作一个网上订书订单表，内容包括"订书量""联系人""地址""邮编""联系电话""电子邮件""送货时间""付款方式"。

（2）设置表单属性为"POST"，表单提交到"ds@126.com"。

（3）添加"重置"和"提交"功能，并检验表单提交。设置"订书量""联系人""联系电话"为必填项，格式为数字；设置"电子邮件"的格式为邮件验证格式。

第 **9** 章

模板与库

9.1 模板应用

9.1.1 模板

在制作网站时，为了统一风格，很多页面会用到相同的布局、图片和文字元素。为了避免大量的重复劳动，可以使用 Dreamweaver CC 2017 提供的模板功能，将具有相同版面结构的页面制作成模板，然后利用模板制作其他网页。例如，准备发布在线杂志，报头不会发生变化，但是每一期的标题和特写故事的内容肯定要有变化。为了固定特写故事的风格和位置，可以使用占位符文本，并将其定义为可编辑区域。当要添加新的特写时，只要选取占位符文本，并输入内容即可。通过模板制作网页，既能保证网页的统一性，又能提高网页制作的效率。

9.1.2 创建模板

1. 知识介绍

创建模板有两种方法，既可以利用已有文档创建模板，也可以用新建的空文档创建模板。Dreamweaver 将模板文件保存在站点的本地根文件夹中的 Templates 文件夹里，模板文件的扩展名为.dwt。如果该文件夹不存在，则 Dreamweaver 会自动创建该文件夹。如果希望所用模板生成的网页中包含可以修改的内容，则需要在模板中标记可编辑区域。

2. 实例操作

本任务将练习文档 9.1.2.html 保存为模板文档，将其中的新闻内容模块的文字和图片设置为可编辑区域。最终效果如图 9-1-1 所示。

微课视频 9.1.2

3. 操作步骤

（1）打开练习文档 9.1.2.html，单击"文件"→"另存为模板"命令，打开"另存模板"对话框，输入模板的名称，如图 9-1-2 所示。

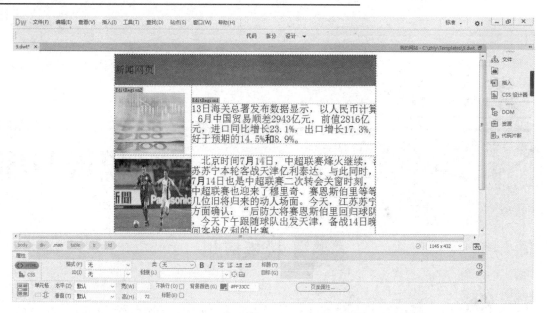

图 9-1-1　创建模板文件和设置可编辑区域效果

（2）选择新闻模块文字，单击"插入"→"模板"→
"可编辑区域"命令，如图 9-1-3 所示。

（3）在打开的"新建可编辑区域"对话框中输入可编辑
区域的名称，如图 9-1-4 所示。

（4）用步骤（2）～步骤（3）的方法，设置新闻图片为
可编辑区域。选择新闻图片，单击"插入"→"模板对象"
→"可编辑区域"命令，打开"新建可编辑区域"对话框，
输入可编辑区域的名称，如图 9-1-5 所示。

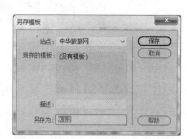

图 9-1-2　"另存模板"对话框

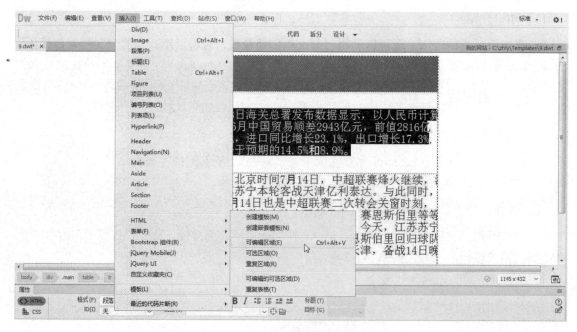

图 9-1-3　"可编辑区域"命令

图 9-1-4　输入可编辑区域的名称

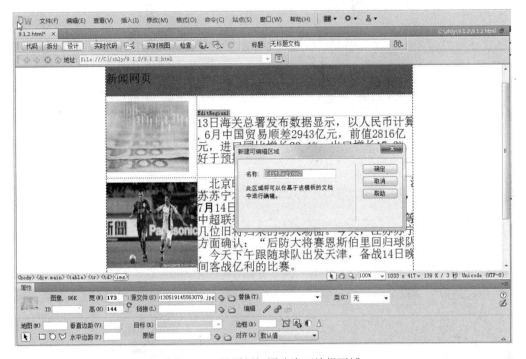

图 9-1-5　设置新闻图片为可编辑区域

（5）保存文件，按【F12】键预览网页。

9.1.3　应用模板

1．知识介绍

在 Dreamweaver 中，创建模板后就可以通过模板新建网页。通过模板新建网页可以快速创建具有相同版式和内容的网页。在新窗口中可以修改模板中设置为可编辑区域的内容，不可以修改没有设置为可编辑区域的内容。

2．实例操作

本任务利用 9.1.2 创建的模板新建网页，修改新闻栏目的图片和文字内容，最终效果如图 9-1-6 所示。

微课视频 9.1.3

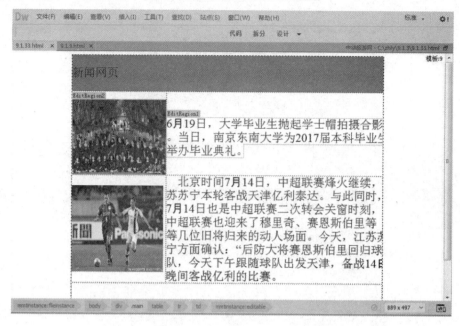

图 9-1-6　应用模板新建网页效果

3．操作步骤

（1）打开 Dreamweaver CC 2017 软件，单击"文件"→"新建"命令，打开"新建文档"对话框，如图 9-17 所示。在对话框中选择"网站模版"选项，选择站点和模板页，单击"创建"按钮。

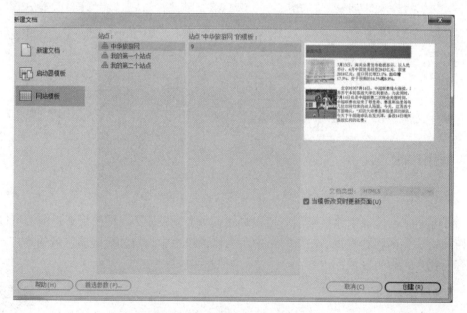

图 9-1-7　"新建文档"对话框

（2）修改新闻栏目的文字，如图 9-1-8 所示。

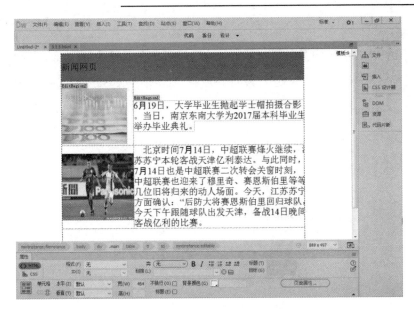

图 9-1-8　修改新闻栏目的文字

（3）修改新闻栏目的图片，如图 9-1-9 所示。

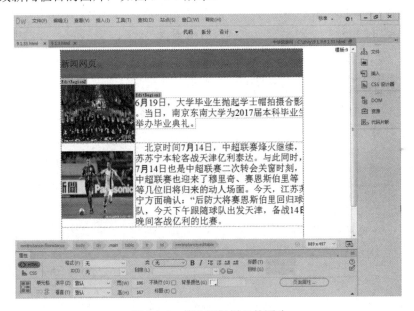

图 9-1-9　修改新闻栏目的图片

（4）保存文件，按【F12】键预览网页。

9.1.4　修改模板

1．知识介绍

在 Dreamweaver 中，如果修改了模板中的内容，则应用该模板的所有网页的对应内容都会发生改变。如果新网页不想应用模板，则需要将该网页从模板中分离，分离后的整个网页都会变为可编辑区域。

2．实例操作

本任务利用 9.1.2 创建的模板新建网页，修改模板中的标题文字。将该网页从模板中分离，并修改该网页中体育新闻的内容，最终效果如图 9-1-10 所示。

微课视频 9.1.4

图 9-1-10　修改模板内容效果

3．操作步骤

（1）打开 Dreamweaver CC 2017 软件，单击"文件"→"新建"命令，打开"新建文档"对话框，如图 9-1-11 所示。在对话框中选择"网站模板"选项，选择站点和模板页，单击"创建"按钮。

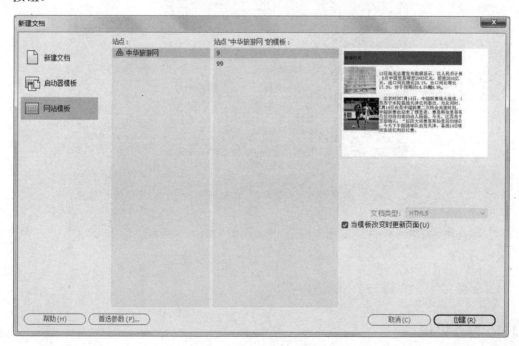

图 9-1-11　"新建文档"对话框

（2）单击"文件"→"打开"命令，在"打开"对话框中选择站点根目录下 Templates 文件夹下的模板文件"9.dwt"，如图 9-1-12 所示。

图 9-1-12　选择模板文件

（3）修改模板文件的标题文字，保存模板文件，如图 9-1-13 所示。

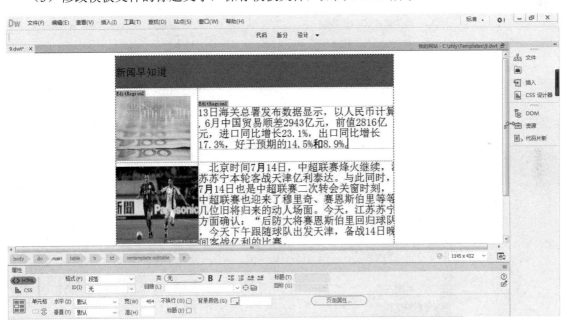

图 9-1-13　修改模板标题

（4）单击"工具"→"模板"→"更新页面"命令，如图 9-1-14 所示。

（5）在打开出的"更新页面"对话框中单击"开始"按钮，完成页面的更新，如图 9-1-15 所示。更新后，利用模板创建的网页也进行了更新，更新后的页面如图 9-1-16 所示。

（6）在更新后的页面中单击"工具"→"模板"→"从模板中分离"命令，如图 9-1-17 所示。

（7）修改分离后页面的内容，如图 9-1-18 所示。

（8）保存文件，按【F12】键预览网页。

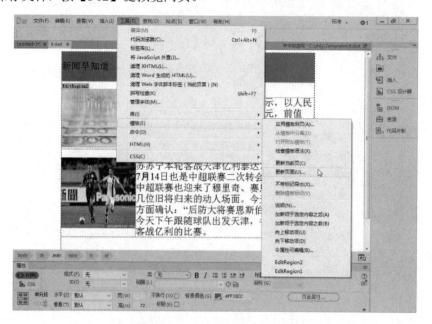

图 9-1-14 "更新页面"命令

图 9-1-15 "更新页面"对话框

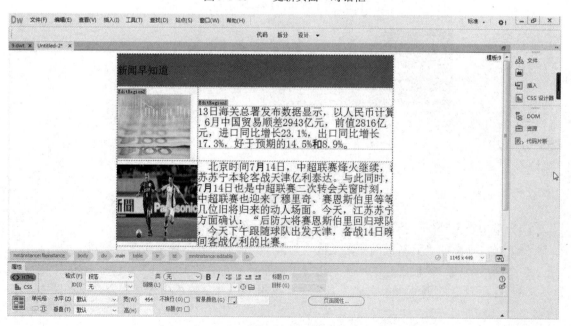

图 9-1-16 更新后的页面

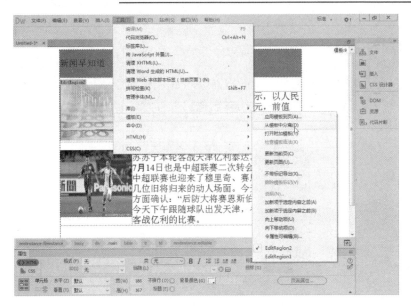

图 9-1-17 "从模板中分离"命令

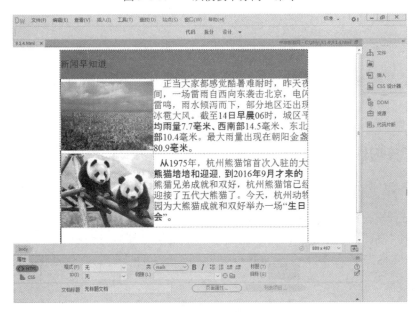

图 9-1-18 修改分离后页面的内容

9.2 库应用

9.2.1 库

库是一种用来存储在整个网站中经常使用或更新的页面元素（如图像、文本等），这些元素被称为库项目。使用 Dreamweaver 的库，可以在不同网页中使用相同的网页元素。如果使用了库，则可以通过修改库来更新所有使用该库的网页，不用一个个地修改网页元素或重新制作网页。

9.2.2 "资源"面板

在"资源"面板可以找到站点中设置的资源，如图像、颜色、超链接、视频、模板、库等资源。只要单击面板左侧相应的按钮，在右侧就可以查看、管理和使用对应的资源。"资源"面板如图 9-2-1 所示。

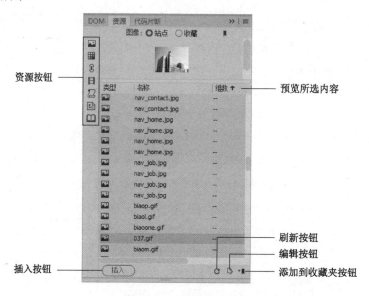

图 9-2-1 "资源"面板

9.2.3 创建库项目

1．知识介绍

在 Dreamweaver 中，创建库项目的方式有两种，一种是基于文档内容创建库项目，另一种是创建空白库项目。在创建库项目后，文档中库项目内容标记为浅黄色，以区别普通的文档内容。站点文件夹下会增加一个 Library 文件夹，该文件夹的内容就是保存的库项目。

2．实例操作

本任务将网页顶部的 banner 和导航创建为库项目，最终效果如图 9-2-2 所示。

微课视频 9.2.3

3．操作步骤

（1）打开练习文档 9.2.3.html，单击"窗口"→"资源"命令，打开"资源"面板，在"资源"面板中选择"库"选项，打开"库"面板，如图 9-2-3 所示。

（2）创建 banner 库项目。选择练习文档顶部的图片，将其拖动到"库"面板中，并修改名称，如图 9-2-4 所示。

图 9-2-2　创建库项目效果

（3）创建导航库项目。选择练习文档顶部的导航表格，将其拖动到"库"面板中，并修改名称，如图 9-2-5 所示。

图 9-2-3　"库"面板

图 9-2-4　创建 banner 库项目

图 9-2-5　创建导航库项目

（4）保存文件，按【F12】键预览网页。

9.2.4　应用库项目

1. 知识介绍

将插入点放置在要插入库项目的位置，在"库"面板中找到要插入的库项目，单击面板上的"插入"按钮即可在文档中应用库项目。

2. 实例操作

本任务将新建一个网页，在新网页的顶部应用 9.2.3 创建的 banner 和导航库项目，最终效果如图 9-2-6 所示。

微课视频 9.2.4

图 9-2-6 应用库项目效果

3. 操作步骤

（1）新建网页，单击"窗口"→"资源"命令，打开"资源"面板，在"资源"面板中选择"库"选项，打开"库"面板，如图 9-2-7 所示。

（2）选择 banner 库项目，单击底部的"插入"按钮，即可插入 banner 库项目，如图 9-2-8 所示。

（3）在"库"面板中选择导航库项目，单击底部的"插入"按钮，即可插入导航库项目，如图 9-2-9 所示。

（4）保存文件，按【F12】键预览网页。

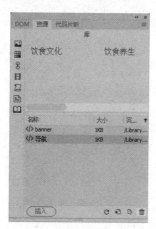

图 9-2-7 "库"面板

图 9-2-8 插入 banner 库项目

图 9-2-9 插入导航库项目

9.2.5 修改库项目

1．知识介绍

如果要修改库项目的内容，则可以双击库元素，修改后的内容在所有应用了该库项目的网页更新。如果要将库项目作为单一项目存在而不受库的影响，则需要将库项目从源文件中分离。

2．实例操作

本任务将新建一个网页，插入 9.2.3 创建的 banner 库项目和导航库项目，并修改 banner 内容。将新网页的导航栏从源文件分离，并修改文字内

微课视频 9.2.5

145

容。最终效果如图 9-2-10 所示。

3．操作步骤

（1）新建网页，单击"窗口"→"资源"命令，打开"资源"面板，在"资源"面板中选择"库"选项，打开"库"面板，如图 9-2-11 所示。

图 9-2-10　修改库项目效果

图 9-2-11　"库"面板

（2）在"库"面板中选择 banner 库项目和导航库项目，单击底部的"插入"按钮，即可插入 banner 库项目和导航库项目，如图 9-2-12 所示。

图 9-2-12　插入 banner 库项目和导航库项目

（3）双击 banner 库项目，修改库内容，如图 9-2-13 所示。

（4）在保存文件时，弹出"更新库项目"对话框，如图 9-2-14 所示。单击"更新"按钮，完成库项目的更新。

（5）选择新网页的导航栏，单击"属性"面板中的"从源文件中分离"按钮，即可分离库项目如图 9-2-15 所示。

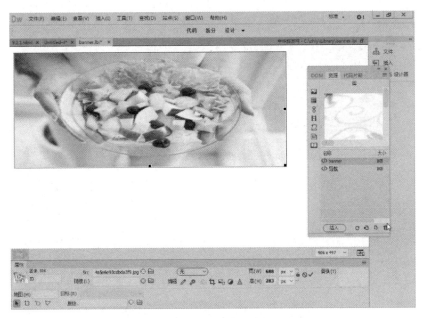

图 9-2-13　修改 banner 库项目的内容

图 9-2-14　"更新库项目"对话框

图 9-2-15　分离库项目

（6）修改导航栏的文字和背景颜色，如图 9-2-16 所示。

图 9-2-16　修改导航栏的文字和背景颜色

（7）保存文件，按【F12】键预览网页。

9.3　实训——创建四川旅游网

9.3.1　实训目标

　　本实训的目标是利用已有的网页制作新网页，通过实训掌握模板和库的应用。本实训完成后的四川旅游网效果如图 9-3-1 所示。

图 9-3-1　四川旅游网效果

9.3.2 实训要求

1．将练习文档 9.3.1.html 另存为模板。设置中间图像区域为可编辑区域。

2．将练习文档 9.3.1.html 中右侧的青城山图像设置为库项目，命名为"宣传图片"。

3．利用模板新建网页 9.3.2.html，在可编辑区域内插入新图像。

4．修改宣传图片库的内容。

微课视频 9.3

9.3.3 操作步骤

（1）定义可编辑区域。打开练习文档 9.3.1.html，选择中间图像，单击"插入"→"模板对象"→"可编辑区域"命令，设置图像为可编辑区域，如图 9-3-2 所示。

图 9-3-2　定义可编辑区域

（2）创建库项目。选择右下方的青城山图像，打开"库"面板，将图像拖入"库"面板中，命名为"宣传图片"，如图 9-3-3 所示。

（3）保存模板文件。单击"文件"→"另存模板"命令，打开"另存模板"对话框，输入模板的名称，如图 9-3-4 所示。

（4）用模板新建网页。单击"文件"→"新建"命令，打开"新建文档"对话框，在对话框中选择"网站模板"选项，选择站点和模板页，单击"创建"按钮，如图 9-3-5 所示。

（5）修改可编辑区域内容。更换可编辑区域的图片，如图 9-3-6 所示。

（6）修改库内容。双击"库"面板中的"宣传图片"项目，更换图片，如图 9-3-7 所示。

（7）保存文件。保存库文件并退出，在弹出的"更新库项目"对话框中选择"更新"按钮，如图 9-3-8 所示。

图 9-3-3　创建库项目

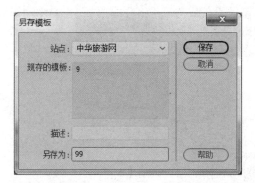

图 9-3-4　保存模板文件

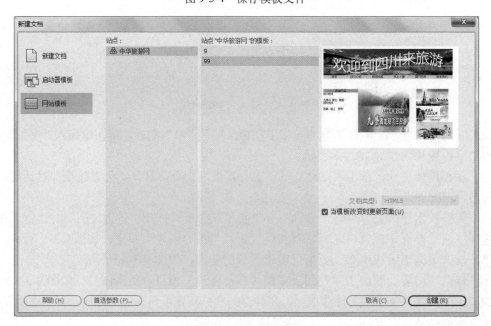

图 9-3-5　用模板新建网页

图 9-3-6　修改可编辑区域内容

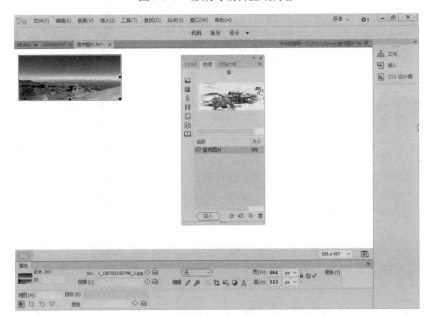

图 9-3-7　修改库内容

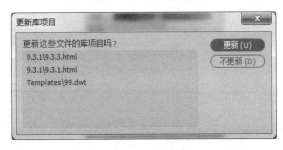

图 9-3-8　更新库项目

自我检测

1．填空题

（1）网页模板的扩展名为_____。

（2）模板一般包括两部分，分别为锁定区域和_____区域。

（3）如果修改了模板中的内容，则应用该模板的所有文档的对应内容也会发生_____。

（4）如果新文档不想应用模板，则需要将文档从模板中_____，分离后的整个文档都变为可编辑区域。

（5）在整个网站上经常使用或更新的页面元素（如图像、文本等）被称为_____。

2．操作题

（1）打开练习文档 9.4.html，另存为模板文件。

（2）设置文字为可编辑区域。

（3）设置图片为库项目。

（4）用模板新建网页，修改可编辑区域内容。

第 10 章

CSS 与盒子模型

10.1 CSS 应用

10.1.1 了解 CSS

CSS（层叠样式表单）是 Cascading Style Sheets 的缩写，它是一种用来表现 HTML 或 XML 等文档样式的计算机语言，是能够真正做到网页表现与内容分离的一种样式设计语言。HTML 与 CSS 的关系是"内容"与"形式"的关系，由 HTML 确定网页的内容，而通过 CSS 来确定页面的表现形式。

CSS 样式分为两类，一类是外部链接式，可应用于多个文档，生成专门的"*.CSS"文件；另一类是嵌入式，只应用于某一个文档。

10.1.2 新建样式表

1．知识介绍

CSS 样式有类和 ID 两种类型的样式。类样式的样式表可以应用于多个对象，名称以"."开始；ID 样式的样式表只能应用于一个对象，名称以"#"开头。

在 Dreamweaver CC 2017 中提供了许多创建 CSS 样式的模板，用户如果不满意，还可以自行定义。单击"窗口"→"CSS 设计器"命令，打开"CSS 设计器"面板，如图 10-1-1 所示。

"CSS 设计器"面板中的各窗格的主要功能如下。

（1）"源"窗格。在该窗格中列出所有当前文档的样式表。这些样式表既可以仅在本文档起作用，也可以将其他的样式表导入

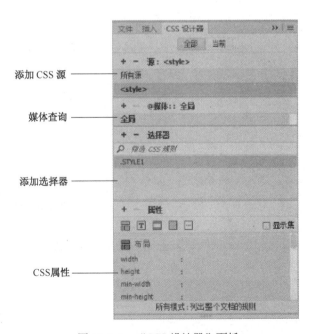

图 10-1-1　"CSS 设计器"面板

本文档。单击 + 按钮可以创建样式表文件。

（2）"@媒体"窗格。在该窗格中列出所选源中全部媒体查询。媒体查询的作用是让不同设备显示不同样式。

（3）"选择器"窗格。既可以在该窗格中显示选择对象的样式，也可以创建新样式。

（4）"属性"窗格。可以设置样式的不同属性。属性分为"布局""文本""边框""背景""更多"5类。

2. 实例操作

本任务将新建名称为".text1"的内部类 CSS 样式，设置字体为"黑体、加粗"，大小为"16px"，颜色为"蓝色"，效果如图 10-1-2 所示。

微课视频 10.1.2

3. 操作步骤

（1）新建一个网页文件并保存为 10.1.2.html，单击"窗口"→"CSS 设计器"命令，打开"CSS 设计器"面板，如图 10-1-3 所示。

图 10-1-2 ".txt1"样式效果

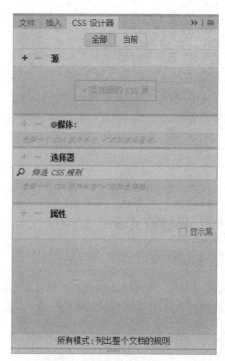

图 10-1-3 "CSS 设计器"面板

（2）单击"源"窗格中的 + 按钮，在弹出的快捷菜单中选择"在页面中定义"命令，如图 10-1-4 所示。"CSS 设计器"面板中的"源"窗格如图 10-1-5 所示。

（3）单击"选择器"窗格中的 + 按钮，添加一个选择器，命名为".text1"，新建".text1"样式，如图 10-1-6 所示。

（4）在"选择器"窗格中选择".text1"样式，单击"属性"窗格中的 T 按钮，设置"font-family"为"黑体"，"font-size"为"16px"，"font-weight"为"bold"，"color"为"#00F"，如图 10-1-7 所示。

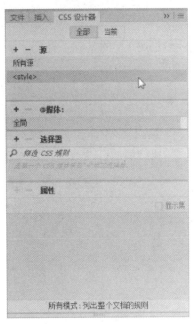

图 10-1-4　"在页面中定义"命令　　　　图 10-1-5　CSS 设计器面板中的"源"窗格

图 10-1-6　创建".text1"样式　　　　图 10-1-7　设置".txt1"样式

10.1.3　应用 CSS 样式

1．知识介绍

　　样式表定义完成后，就可以在网页中应用该样式。如果某个网页带有嵌入式 CSS 样式，打开此网页，即可直接在"属性"面板中的"目标规则"后的下拉列表框中选择样式。如果是外部 CSS 样式，则要事先导入所需的 CSS 样式文件。

2．实例操作

本任务在 10.1.2 的基础上使用".text1"样式，修改样式表的颜色为"红色"，如图 10-1-8 所示。

微课视频 10.1.3

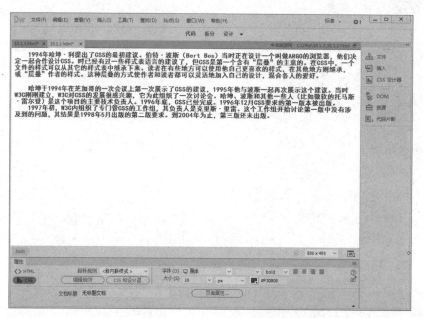

图 10-1-8　应用 CSS 样式表

3．操作步骤

（1）复制素材文字到 10.1.2.html 中，如图 10-1-9 所示。

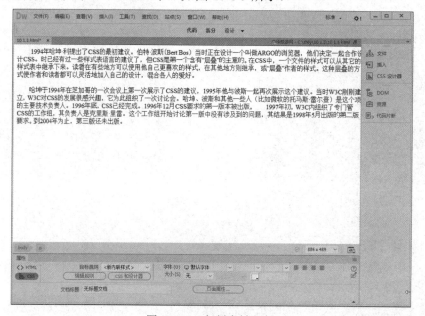

图 10-1-9　复制素材文字

（2）选择第 1 段和第 2 段文字，在"属性"面板中的"目标规则"后的下拉列表中选

择 ".text1" 选项, 如图 10-1-10 所示。

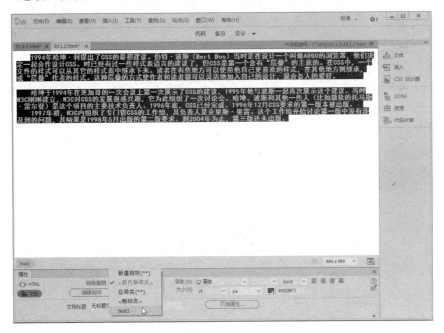

图 10-1-10 选择 ".text1" 样式

（3）修改 ".text1" 样式表的颜色。在 "CSS 设计器" 面板中修改 "color" 为 "红色", 如图 10-1-11 所示。

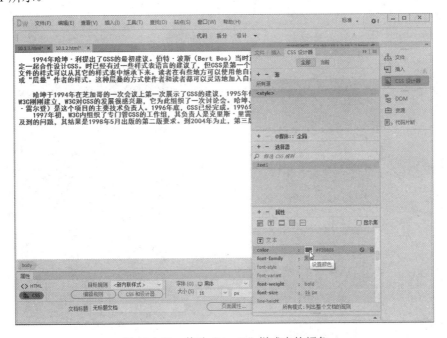

图 10-1-11 修改 ".text1" 样式表的颜色

（4）保存文件, 按【F12】键预览网页。

10.1.4　新建 ID 样式表

1．知识介绍

样式表有类样式表和 ID 样式表两种。类样式表在一个页面内可以应用多次，而 ID 样式表则只可以应用一次。系统会默认类样式表添加 "." 符号，ID 样式表添加 "#"
符号。

微课视频 10.1.4

2．实例操作

本任务将创建 ID 样式表，并应用到文本中，样式表的名称为 "#style1"，
设置背景颜色为 "红色"，边框颜色为 "蓝色"，效果如图 10-1-12 所示。

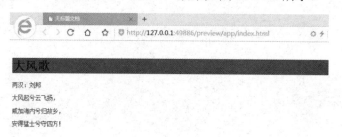

图 10-1-12　创建并应用 ID 样式表效果

3．操作步骤

（1）打开练习文档 10.1.4.html，单击 "窗口" → "CSS 设计器" 命令，打开 "CSS 设计器"
面板，如图 10-1-13 所示。

（2）单击 "源" 窗格中的 + 按钮，在弹出的快捷菜单中选择 "在页面中定义" 命令，创建
内部 CSS 样式，如图 10-1-14 所示。

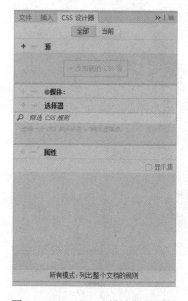

图 10-1-13　"CSS 设计器" 面板

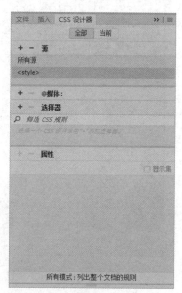

图 10-1-14　创建内部 CSS 样式

（3）单击 "选择器" 窗格中的 + 按钮，添加一个选择器，命名为 "#style1"，如图 10-1-15

所示。

（4）在"选择器"窗格中选择"#style1"样式，单击"属性"窗格中的"边框"按钮，设置所有边的边框颜色均为"蓝色"，边框样式均为"solid"，如图 10-1-16 所示。

（5）单击"属性"窗格中的"背景"按钮，设置背景颜色为"红色"，如图 10-1-17 所示。

图 10-1-15　添加选择器	图 10-1-16　设置边框参数	图 10-1-17　设置背景颜色

（6）应用 ID 样式。在编辑区选择标题文字，在"属性"面板中选择"HTML"选项卡，在 ID 下拉列表中选择"style1"，如图 10-1-18 所示。

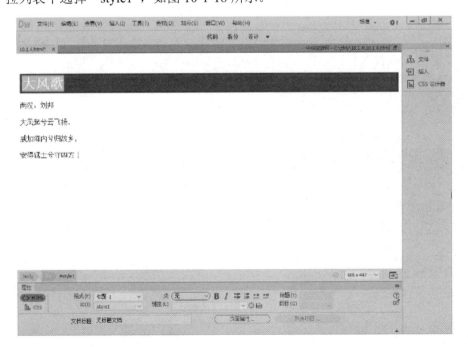

图 10-1-18　应用 ID 样式

（7）保存文件，按【F12】键预览网页。

10.1.5　保存和导入样式表

1．知识介绍

CSS 样式表除可以在本页面使用外，还可以将样式表保存为单独的文件，这样其他网页可以采用链接或导入的形式添加外部样式表。

2．实例操作

本任务将创建文字字体为"黑体"，颜色为"蓝色"的 CSS 样式表 "taxt2.css"，并保存该样式表。在练习文档中，导入该样式表并应用到文本中，最终效果如图 10-1-19 所示。

微课视频 10.1.5

图 10-1-19　保存和导入样式表效果

3．操作步骤

（1）新建一个网页文件，单击"窗口"→"CSS 设计器"命令，打开"CSS 设计器"面板，如图 10-1-20 所示。

（2）单击"源"窗格中的 + 按钮，在弹出的快捷菜单中选择"创建新的 CSS 文件"命令，打开"创建新的 CSS 文件"对话框，如图 10-1-21 所示。

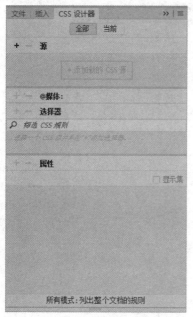

图 10-1-20　"CSS 设计器"面板

图 10-1-21　"创建新的 CSS 文件"对话框

（3）在"文件/URL"后的文本框内设置保存文件的文件名为"text2.css"，"添加为"选择"链接"选项，如图 10-1-22 所示。

（4）单击"确定"按钮，完成样式表的创建，如图 10-1-23 所示。

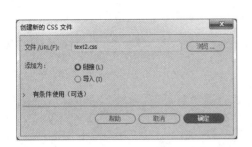

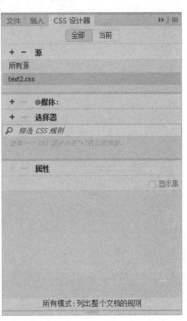

图 10-1-22　保存样式表　　　　　　　　　　图 10-1-23　创建样式表

（5）单击"选择器"窗格中的+按钮，添加一个选择器，命名为".txt"，如图 10-1-24 所示。

（6）在"选择器"窗格中选择".txt"样式，在"属性"窗格中设置文字的字体为"黑体"，颜色为"蓝色"，如图 10-1-25 所示。

图 10-1-24　创建".txt"样式　　　　　　　　图 10-1-25　设置文字的字体和颜色

（7）保存"text2.css"文件，如图 10-1-26 所示。

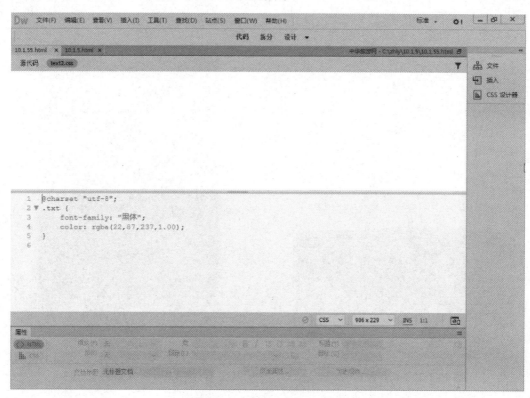

图 10-1-26　保存"text2.css"文件

（8）打开练习文档 10.1.5.html，单击"窗口"→"CSS 设计器"命令，打开"CSS 设计器"面板。单击"源"窗格的 + 按钮，在弹出的快捷菜单中选择"使用现有的 CSS 文件"命令，打开"使用现有的 CSS 文件"对话框，如图 10-1-27 所示。

（9）在"使用现有的 CSS 文件"对话框中选择"text2.css"文件，"添加为"选择"链接"选项，如图 10-1-28 所示。

图 10-1-27　"使用现有的 CSS 文件"对话框

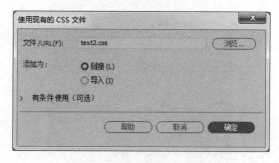

图 10-1-28　选择导入文件

（10）单击"确定"按钮，在练习文档中选择文字，在"属性"面板中的"目标规则"后的下拉列表中选择".text1"选项，如图 10-1-29 所示。

（11）保存文件，按【F12】键预览网页。

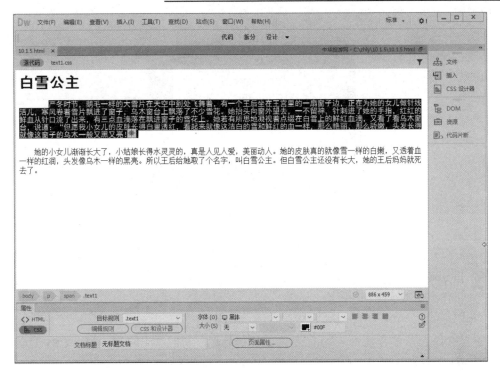

图 10-1-29　选择 ".text1" 选项

10.2　盒子模型

10.2.1　了解盒子模型

盒子模型是 CSS 控制页面时的一个重要概念。只有掌握盒子模型及其中每个元素的用法，才能真正地控制页面中每个元素的位置。

页面中的所有元素都可以看成是一个盒子，占据着一定的页面空间。一般来说，这些被占据的空间往往都要比单纯的内容大。可以通过调整盒子的边框和距离等参数来调节盒子的位置，从而控制各个网页元素的位置，起到排版的作用。

盒子模型由 Content（内容）、Padding（间隙）、Border（边框）和 Margin（间隔）4 个部分组成，如图 10-2-1 所示。

内容（Content）是盒子里装的东西。

间隙（Padding）是盒子的内容与盒子边框之间的距离。

边框（Border）是盒子的边框。

间隔（Margin）是盒子与盒子之间的距离。

在盒子模型中，一个对象的宽度

=Margin-left+Border-left+Padding-left+Content+Padding-right+Border-right+Margin-right

在盒子模型中，一个对象的高度

=Margin-top+Border-top+Padding-top+Content+Padding-bottom+Border-bottom+Margin-bottom

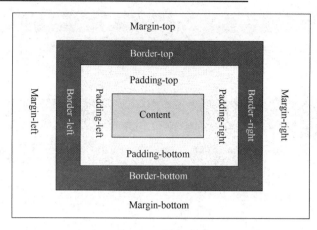

图 10-2-1　盒子模型

10.2.2　Div+CSS 布局网页

1. 知识介绍

在使用 CSS 排版的页面中，<div>是最常用的标记。利用这个标记，加上 CSS 对其样式的控制，可以实现各种效果。

简单而言，<div>标签就是一个区块容器标记，即<div>与</div>之间相当于一个容器，可以容纳段落、标题、表格、图片等 HTML 元素。因此，可以把其中的内容视为一个独立的对象，用于 CSS 的控制。

使用<div>标签安排内容，通过 CSS 样式设计布局和格式，这样做的好处是精简网页内容，实现内容和设计的分离。

2. 实例操作

本任务使用 Div+CSS 模型创建一个网页结构，效果如图 10-2-2 所示。

微课视频 10.2.2

图 10-2-2　Div+CSS 模型网页效果

3. 操作步骤

（1）新建一个网页文档，单击"插入"→"Div"命令，弹出"插入 Div"对话框，如图 10-2-3 所示。

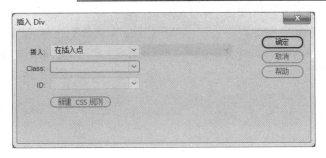

图 10-2-3　"插入 Div"对话框

（2）在"插入 Div"对话框中的"ID"后的文本框内输入名称"banner"，单击"确定"按钮，结果如图 10-2-4 所示。

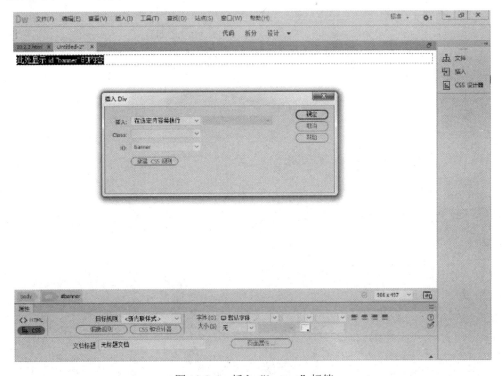

图 10-2-4　插入"banner"标签

（3）使用步骤（1）～步骤（2）的方法，在网页中再插入 2 个 Div 标签，分别命名为"middle"和"bottom"，结果如图 10-2-5 所示。

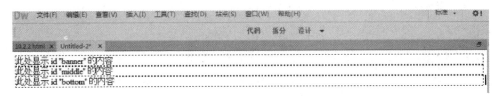

图 10-2-5　插入"middle"和"bottom"标签

（4）在"middle"标签内再插入 2 个 Div 标签，分别命名为"left"和"right"，如图 10-2-6 所示。

此处显示 id "banner" 的内容

此处显示 id "middle" 的内容

此处显示 id "left" 的内容
此处显示 id "right" 的内容

此处显示 id "bottom" 的内容

图 10-2-6　插入"left"和"right"标签

（5）在"CSS 设计器"面板中单击"源"窗格中的 ➕ 按钮，在弹出的快捷菜单中选择"在页面中定义"命令，创建内部 CSS 样式。将光标定位在"banner"标签内，单击"选择器"窗格中的 ➕ 按钮，创建名称为"#banner"的样式，如图 10-2-7 所示。

（6）设置"#banner"的样式。单击"属性"窗格中的"布局"按钮 ▦，设置宽度为"780px"，高度为"70px"，如图 10-2-8 所示。边界均为"auto"，如图 10-2-9 所示。

图 10-2-7　创建 banner 样式　　图 10-2-8　设置 banner 标签的　　图 10-2-9　设置 banner 标签的边
　　　　　　　　　　　　　　　　　　　宽、高参数　　　　　　　　　　界参数

（7）使用步骤（5）～步骤（6）的方法，设置"middle"标签的宽度为"780px"，高度为"300px"，边界为"全部相同"和"自动"，如图 10-2-10 所示。

（8）使用步骤（5）～步骤（6）的方法，设置"bottom"标签的宽度为"780px"，高度为"20px"，边界均为"auto"，如图 10-2-11 所示。

（9）设置"banner"标签、"middle"标签和"bottom"标签的 CSS 样式后的效果如图 10-2-12 所示。

图 10-2-10 设置 "middle" 标签布局参数

图 10-2-11 设置 "bottom" 标签布局参数

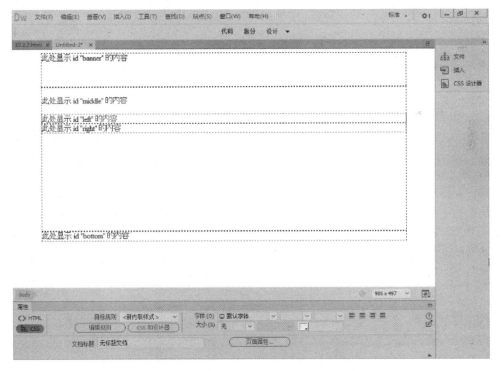

图 10-2-12 设置 3 个标签的 CSS 样式后效果

（10）使用步骤（5）～步骤（6）的方法，设置 "left" 标签的宽度为 "200px"，高度为 "300px"，右边界为 "20px"，浮动方向为 "left"，如图 10-2-13 所示。

（11）使用步骤（5）～步骤（6）的方法，设置 "right" 标签的宽度为 "560px"，高度为

"300px"，浮动方向为"left"，如图 10-2-14 所示。

图 10-2-13　设置"left"标签的边框参数　　　　图 10-2-14　设置"right"标签的边框参数

（12）设置"left"标签和"right"标签后的效果如图 10-2-15 所示。

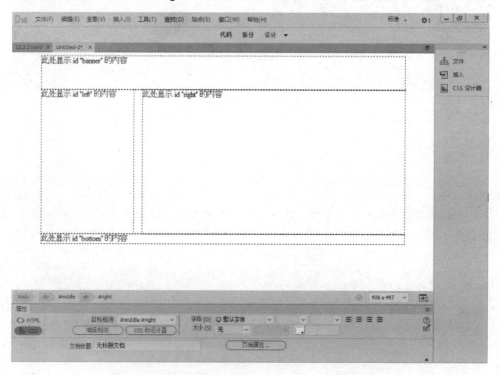

图 10-2-15　设置"left"标签和"right"标签后的效果

（13）插入图片和文字内容后的效果如图 10-2-16 所示。

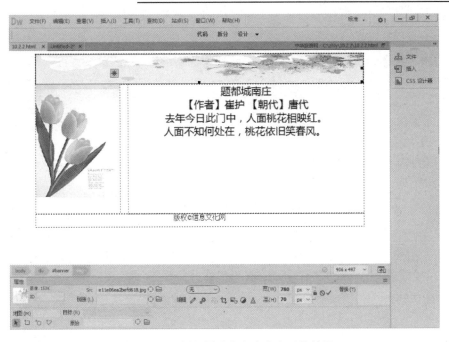

图 10-2-16　插入图片和文字内容后的效果

（14）保存文件，按【F12】键预览网页。

10.3　实训——创建大连旅游网页

10.3.1　实训目标

本实训的目标是掌握 CSS 样式表的使用，能够用 Div+CSS 的方法来布局网页，熟练掌握 CSS 的设置方法和 Div+CSS 布局网页的理念。本实训完成后的大连旅游网效果如图 10-3-1 所示。

图 10-3-1　大连旅游网效果

10.3.2 实训要求

（1）分析、规划网页布局图，构建网页框架图。

（2）新建网页，插入相关 Div 标签，新建 CSS 样式表控制标签布局网页。

（3）输入相关内容完成网页制作。

微课视频 10.3

10.3.3 操作步骤

（1）设计整个网页的大体框架，包括 Banner 区域，导航条，主题的左、右结构，以及下方的脚注等，如图 10-3-2 所示。

（2）新建背景 CSS 样式。新建一个网页文件，在"CSS 设计器"面板中单击"源"窗格中的 + 按钮，在弹出的快捷菜单中选择"在页面中定义"命令，创建内部 CSS 样式。单击"选择器"窗格中的 + 按钮，新建名称为"body"的样式，如图 10-3-3 所示。

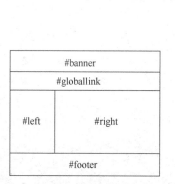

图 10-3-2

图 10-3-3　新建背景 CSS 样式

（3）设置背景 CSS 样式。在"选择器"窗格中选择"body"样式，在"属性"窗格中设置背景颜色为"#2286c6"，文字对齐方式为"center"，文字大小为"12px"，如图 10-3-4 所示。

（4）插入"container"标签。单击"插入"→"Div"命令，在"插入 Div"对话框中设置 ID 为"container"，如图 10-3-5 所示。

（5）插入 5 个 Div 标签。使用步骤（4）的方法在"container"标签内再插入 5 个 Div 标签，ID 名称依次为"banner""globallink""left""right""footer"，结果如图 10-3-6 所示。

（6）设置"container"标签的 CSS 样式。在页面中选择"container"标签，单击"选择器"窗格中的 + 按钮，创建名称为"#container"的样式，设置"container"标签的宽度为"780px"，左、右边界均为"auto"，如图 10-3-7 所示。

图 10-3-4 设置"body"样式的参数

图 10-3-5 插入"container"标签

图 10-3-6 插入 5 个 Div 标签

（7）设置"globallink"标签的 CSS 样式。在页面中选择"globallink"标签，在"选择器"窗格中单击 ➕ 按钮，创建名称为"#globallink"的样式，设置"globallink"标签的背景图像为"button1.jpg"，背景重复，标签高度为"33px"，如图 10-3-8 所示。

（8）设置"left"标签的 CSS 样式。在页面中选择"left"标签，单击"选择器"窗格中的 ➕ 按钮，创建名称为"#left"的样式，设置"left"标签的背景颜色为"#0FF"，文本对齐为"center"，浮动方向为"left"，宽度为"200px"，高度为"300px"，上边界为"3px"，右边界为"10px"，间隙均为"5px"，如图 10-3-9 所示。

（9）设置"right"标签的 CSS 样式。在页面中选择"right"标签，单击"选择器"窗格中的 ➕ 按钮，创建名称为"#right"的样式，设置"right"标签的背景颜色为"#FFF"，文本对齐为"center"，浮动方向为"right"，宽度为"550px"，高度为"300px"，上边界为"3px"，间隙均为"5px"，如图 10-3-10 所示。

（10）设置"footer"标签的 CSS 样式。在页面中选择"footer"标签，单击"选择器"窗格中 ➕ 按钮，创建名称为"#footer"的样式，设置"footer"标签的文本对齐为"center"，高度为"20px"，clear 为"both"，如图 10-3-11 所示。设置 CSS 样式后的效果和图 10-3-12 所示。

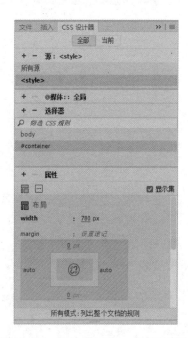

图 10-3-7　设置"container"标签参数

图 10-3-8　设置"globallink"标签的 CSS 样式

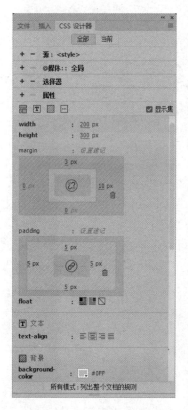

图 10-3-9　设置"left"
标签的 CSS 样式

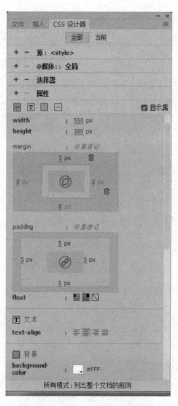

图 10-3-10　设置"right"
标签的 CSS 样式

图 10-3-11　设置"footer"
标签的 CSS 样式

（11）插入"banner"标签内容。在"banner"标签区域插入图像，结果如图 10-3-13 所示。

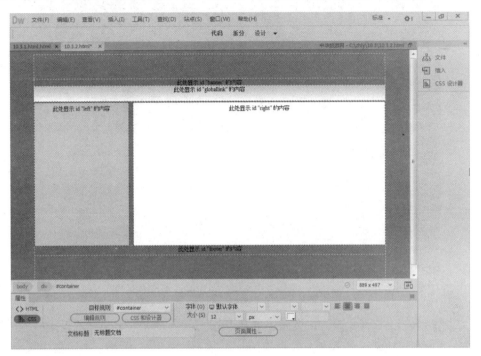

图 10-3-12　设置 CSS 样式后的效果

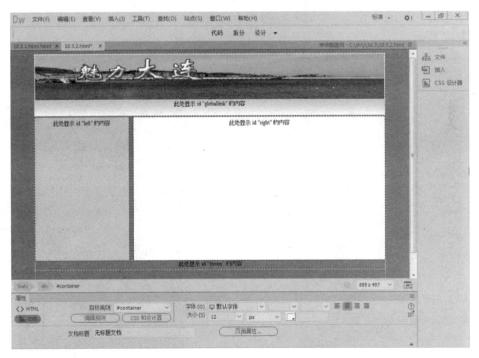

图 10-3-13　插入"banner"标签内容

（12）插入"globallink"标签内容。在"globallink"标签内单击"插入"→"项目列表"
命令，输入无序列表，如图 10-3-14 所示。

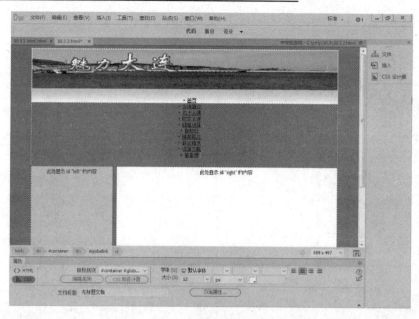

图 10-3-14　插入"globallink"标签内容

（13）设置列表 CSS 样式表。在页面中选择"ul"标签，单击"选择器"窗格中的➕按钮，创建名称为"ul"的样式，设置上边界为"10px"，如图 10-3-15 所示。在页面中选择"li"标签，单击"选择器"窗格中的➕按钮，创建名称为"li"的样式，设置宽度为"70px"，浮动方向为"left"，列表符号样式为"none"，如图 10-3-16 所示。设置列表 CSS 样式后的网页效果和图 10-3-17 所示。

图 10-3-15　设置列表"ul"参数

图 10-3-16　设置列表"li"参数

（14）插入"left"标签和"right"标签内容。在"left"标签内插入图像，如图 10-3-18 所示。在"right"标签内插入图像，如图 10-3-19 所示。

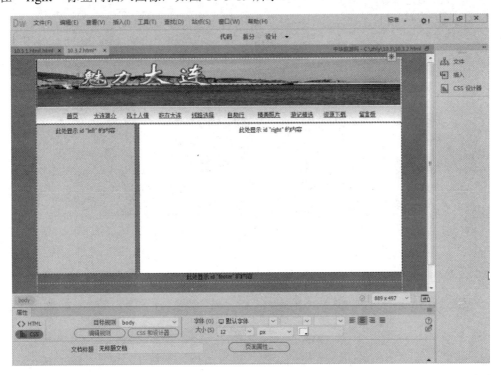

图 10-3-17　设置列表 CSS 样式后的网页效果

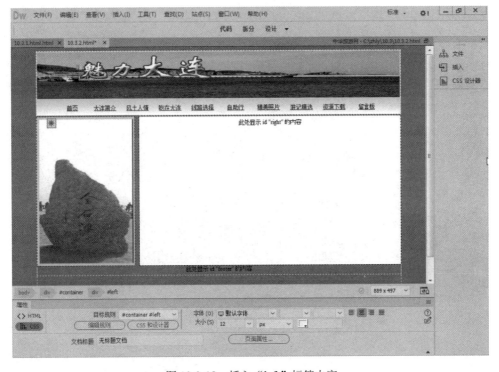

图 10-3-18　插入"left"标签内容

网页设计与制作（Dreamweaver CC 2017）

图 10-3-19　插入"right"标签内容

（15）插入"footer"标签内容。在"footer"标签内输入文字并设置文字的颜色为"白色"，如图 10-3-20 所示。

图 10-3-20　插入"footer"标签内容

（16）保存文件，按【F12】键预览网页。

自我检测

1. 填空题

（1）CSS 样式分为（　　　　　）和（　　　　　）两类。

（2）HTML 与 CSS 样式表之间是_____与_____的关系。

（3）类样式表的名称使用_____开头，ID 样式表的名称使用_____开头。

（4）在使用 CSS 与 Div 排版中，<div>与</div>之间相当于一个_____。

（5）在盒子模型中，margin 参数的意义是_____。

2. 操作题

（1）新建一个 CSS 样式表，将其应用到某段文字上。

（2）新建一个 ID 为"con"的 Div 标签。

（3）在 Div 标签内插入一张图片，使用 CSS 控制其与标签边框的距离。

（4）使用 Div+CSS 的方法设计一个简单的网页。

第11章

Dreamweaver 与其他软件结合

11.1　Dreamweaver 与 Photoshop 结合

11.1.1　了解 Photoshop CC

Photoshop CC 是 Adobe 公司开发的图像处理软件，它功能强大且操作简便，被广泛应用于图像处理、平面广告设计、艺术图形创作、网页设计等领域。

Photoshop 在网页中主要用来制作网站的 LOGO、Banner、背景图像、页面、导航按钮、个性化图像等内容，它是网页制作常用的辅助工具。

11.1.2　Photoshop CC 的工作界面介绍

Photoshop CC 的工作界面是编辑、处理图像的操作平台，它由菜单栏、工具箱、文档窗口、工具选项栏、浮动面板等组成，如图 11-1-1 所示。

图 11-1-1　Photoshop cc 的工作界面

1．菜单栏

Photoshop CC 提供了 10 个菜单，利用这些菜单可以进行所有的图像处理操作。

2．工具箱

在 Photoshop CC 工具箱中提供了 70 多种工具。这些工具大致分为选择类工具、绘图类工具、修饰类工具、颜色设置类工具、显示控制类工具等几类，通过这些工具可以对图像进行各种处理。

常用工具如下。

移动工具：使用移动工具可以移动图层中的图像。

选择工具：使用选择工具可以选择矩形、椭圆形等规则形状。

套索工具：使用套索工具可以选择不规则的选区。

裁切工具：使用裁切工具可以对选择的内容进行裁切，保留需要的图像。

画笔工具：使用画笔工具可以根据设置的画笔参数，模拟画笔进行手绘。

渐变工具：使用渐变工具可以进行渐变色的填充。

仿制图章工具：使用仿制图章工具可以将其他区域的图像复制到选定的区域。

钢笔工具：使用钢笔工具可以建立和编辑路径。

文字工具：使用文字工具可以输入文字。

模糊工具：使用模糊工具可以使图像模糊。

橡皮擦工具：使用橡皮擦工具可以擦除图像。

缩放工具：使用缩放工具可以放大或缩小图像。

3．文档窗口

文档窗口是 Photoshop 的主要绘图区域，打开或新建的文档都在文档窗口显示。

4．工具选项栏

选择工具，可以在工具选项栏修改工具的相关属性。选择不同的工具，工具选项栏也会显示不同的属性。

5．浮动面板

浮动面板通常浮动在 Photoshop 右边，可以把它们拖动到界面的任何位置。浮动面板可以为图像提供不同的辅助操作，例如，"颜色"面板可以直接通过调节面板上的颜色来设置前景色或背景色。

11.1.3　制作背景图像

1．知识介绍

在制作网页的背景时一般只需要制作背景相同的内容，利用网页的背景平铺功能可以制作整个网页的背景图像。

2．实例操作

本任务用文字和图形制作网页背景，最终效果如图 11-1-2 所示。

微课视频 11.1.3

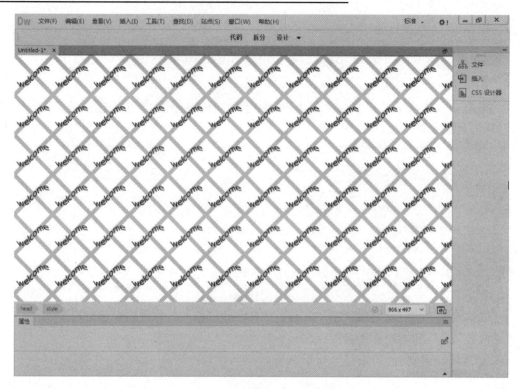

图 11-1-2　网页背景效果

3．操作步骤

（1）打开 Photoshop 软件，新建一个 80×80px 的文档，设置背景色为透明色，如图 11-1-3 所示。

图 11-1-3　新建一个 80×80px 的 Photoshop 文档

（2）使用缩放工具 放大图像，如图 11-1-4 所示。

（3）选择直线工具 ，设置颜色为灰色，如图 11-1-5 所示。

（4）绘制十字交叉图像，如图 11-1-6 所示。

（5）使用文字工具 输入"welcome"，改变文字方向，如图 11-1-7 所示。

（6）改变文字形状，如图 11-1-8 所示。

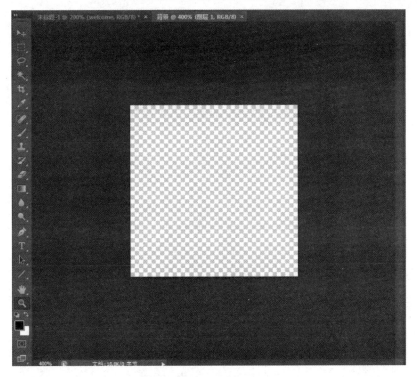

图 11-1-4　放大图像

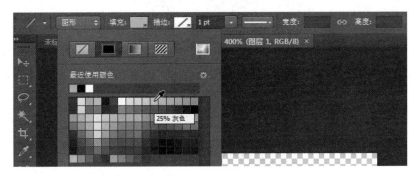

图 11-1-5　设置颜色

图 11-1-6　绘制十字交叉图像

图 11-1-7　输入 "welcome"

图 11-1-8　改变文字形状

（7）保存文件。单击"文件"→"存储为"命令，打开"存储为"对话框，设置保存格式为"PNG"，如图 11-1-9 所示。

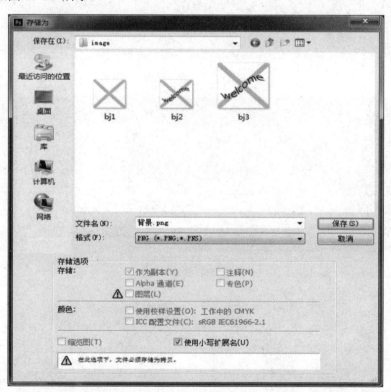

图 11-1-9　保存文件

（8）打开 Dreamweaver 软件，新建一个网页文件，在"CSS 设计器"面板中单击"源"窗格中的+按钮，在弹出的快捷菜单中选择"在页面中定义"命令，创建内部 CSS 样式。单击"选择器"窗格中的+按钮，创建名称为"body"的样式，如图 10-1-10 所示。

（9）选择"body"样式，设置背景图像为"bj3.png"，如图 11-1-11 所示。

图 11-1-10　创建"body"样式

图 11-1-11　设置背景图像

（10）保存文件，按【F12】键预览网页。

11.1.4　制作导航按钮

1．知识介绍

网页的导航一定要醒目，让浏览者能够准确、方便地了解网站的结构，找到自己需要的信息。普通的文字导航效果不够明显，而漂亮的图片导航能够给网页增添不少颜色。

2．实例操作

本任务用 Photoshop 制作文字导航栏，最终效果如图 11-1-12 所示。

微课视频 11.1.4

图 11-1-12　文字导航栏效果

3．操作步骤

（1）打开 Photoshop 软件，新建一个 690×57px 的文档，设置背景色为透明色，如图 11-1-13 所示。

（2）选择圆角矩形工具，绘制圆角矩形，如图 11-1-14 所示。

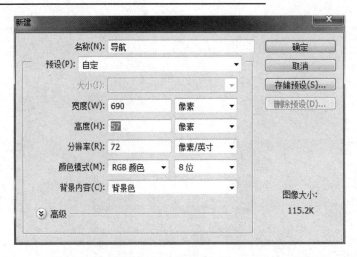

图 11-1-13　新建一个 690×57px 的 Photoshop 文档

图 11-1-14　绘制圆角矩形

（3）单击图层面板中的"图层样式"按钮，添加"渐变"图层样式，如图 11-1-15 所示。

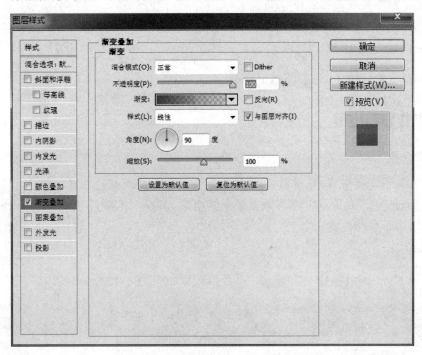

图 11-1-15　添加"渐变"图层样式

（4）设置渐变颜色为"蓝（#236181）、蓝（#2e7093）、浅蓝（#2d92c4）、浅蓝（#3596c8）"，如图 11-1-16 所示。

（5）为该图层添加"内发光"图层样式，如图 11-1-17 所示。

（6）为该图层添加"描边"图层样式，如图 11-1-18 所示。

图 11-1-16　设置渐变颜色

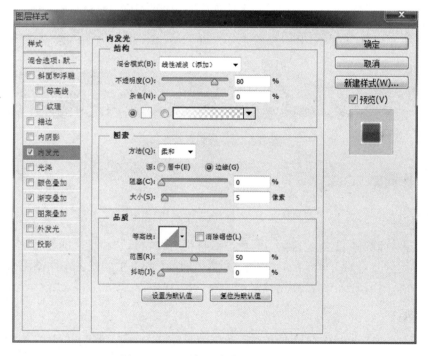

图 11-1-17　添加"内发光"图层样式

（7）使用文字工具 输入首页……，如图 11-1-19 所示。

（8）使用直线工具 绘制直线并复制直线，效果如图 11-1-20 所示。

（9）保存文件。单击"文件"→"存储为"命令，打开"存储为"对话框，设置保存格式为"PNG"。

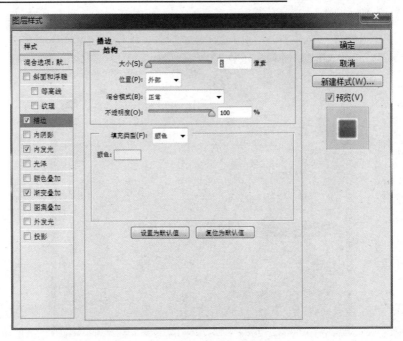

图 11-1-18　添加"描边"图层样式

图 11-1-19　输入"首页……"

图 11-1-20　绘制直线效果

11.1.5　制作网站 LOGO

1．知识介绍

LOGO 是徽标或商标的英文缩写，起到对徽标拥有公司识别和推广的作用，形象的 LOGO 可以让消费者记住公司的主体和品牌文化。网络中的 LOGO 主要是各个网站用来与其他网站链接的图形标志，代表一个网站或网站的一个板块。

2．实例操作

本任务用 Photoshop 制作网站 LOGO，最终效果如图 11-1-21 所示。

微课视频 11.1.5

3．操作步骤

（1）打开 Photoshop 软件，新建一个 88×60px 的文档，设置背景色为白色，如图 11-1-22 所示。

（2）使用自定义形状工具绘制形状，如图 11-1-23 所示。

图 11-1-21　网站 LOGO 效果

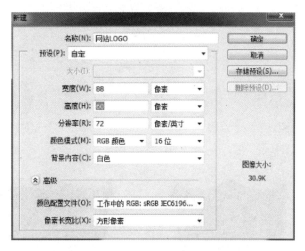

图 11-1-22　新建一个 88×60px 的 Photoshop 文档

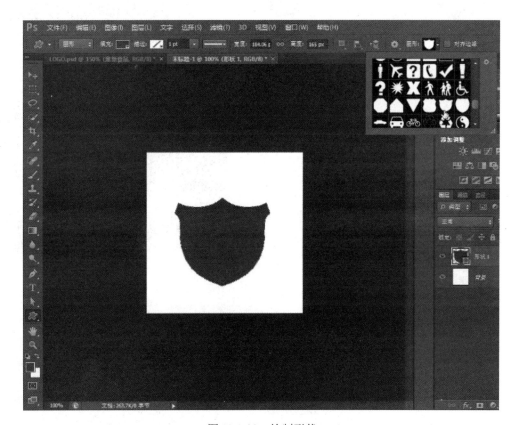

图 11-1-23　绘制形状

（3）按住【Ctrl】键的同时单击形状图层，载入选区，如图 11-1-24 所示。

（4）使用矩形选择工具 设置属性为相交，选择左半边图形，如图 11-1-25 所示。

（5）单击"图层"面板中的"创建新图层"按钮，创建新图层，如图 11-1-26 所示。

（6）设置前景色为红色，按组合键【Alt+Delete】将选区填充为前景色，如图 11-1-27 所示。

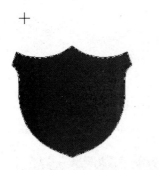

图 11-1-24　载入选区　　　　图 11-1-25　选择左半边图形　　　　图 11-1-26　创建新图层

（7）使用文字工具 T 输入"鼎新食品"，设置文字的形状为"上弧"，如图 11-1-28 所示。

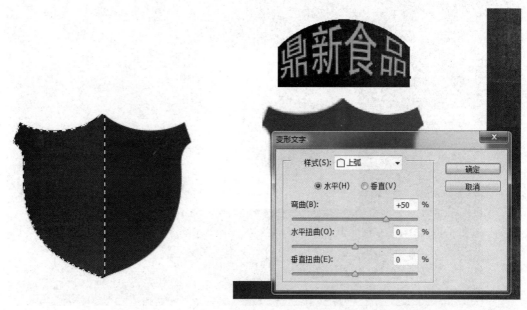

图 11-1-27　填充前景色　　　　　　　　　图 11-1-28　输入"鼎新食品"

（8）在"图层"面板选择文字图层，为该图层添加"描边"图层样式，如图 11-1-29 所示。

（9）使用自定义形状工具 绘制图形，如图 11-1-30 所示。

（10）保存文件。单击"文件"→"存储为"命令，打开"存储为"对话框，设置保存格式为"PNG"。

| 图 11-1-29 添加"描边"图层样式 | 图 11-1-30 绘制图形 |

11.1.6 制作网站首页

1．知识介绍

网站的首页是一个公司的门面和形象，只有好的首页才能吸引更多的消费者浏览网页。一个成功的网站，设计好首页是关键。

2．实例操作

本任务用 Photoshop 制作网站首页，最终效果如图 11-1-31 所示。

微课视频 11.1.6

图 11-1-31 网站首页的效果

3. 操作步骤

（1）打开 Photoshop 软件，新建一个 650×800px 的文档，设置背景色为白色，如图 11-1-32 所示。

图 11-1-32　新建一个 650×800px 的 Photoshop 文档

（2）使用矩形选择工具 绘制一个宽为"650px"，高度为"80px"的矩形选区，填充灰色，如图 11-1-33 所示。

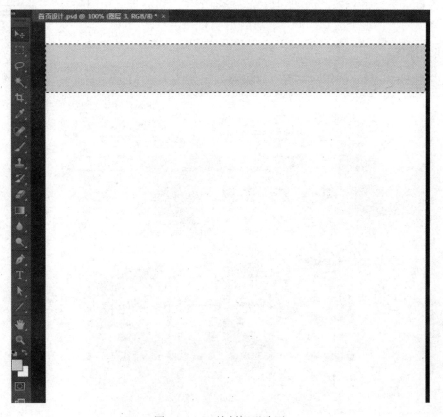

图 11-1-33　绘制矩形选区

（3）使用移动工具 将网站的 LOGO 和微信图像移动到首页图像中，如图 11-1-34 所示。

图 11-1-34　移入网站的 LOGO 和微信图像

（4）使用直线工具 绘制直线并添加投影效果，如图 11-1-35 所示。

图 11-1-35　绘制直线并添加投影效果

（5）使用文字工具 输入文字并设置文字的字体和大小等参数，如图 11-1-36 所示。

图 11-1-36　输入"专用益生菌提供商……"

（6）使用矩形选择工具 绘制选区并填充绿色，制作导航栏背景，如图 11-1-37 所示。

图 11-1-37　绘制选区并填充绿色

（7）使用文字工具 输入导航栏文字，如图 11-1-38 所示。

图 11-1-38　输入导航栏文字

（8）使用文字工具 ^{T} 和自定义形状绘制导航栏右侧的搜索区，如图 11-1-39 所示。

图 11-1-39　绘制搜索区

（9）使用移动工具 将 Banner 图像移动到首页图像中，如图 11-1-40 所示。

图 11-1-40　移入 banner 图像

（10）使用矩形选择工具 绘制矩形选区并填充绿色，使用文字工具 ^{T} 输入文字，制作左侧的导航栏，如图 11-1-41 所示。

图 11-1-41　制作左侧的导航区

（11）使用文字工具 ^{T} 输入左侧的导航文字，如图 11-1-42 所示。

图 11-1-42　输入左侧的导航文字

（12）使用矩形选择工具 绘制矩形选区并填充灰色，制作右侧的栏目背景，如图 11-1-43 所示。

图 11-1-43　制作右侧的栏目背景

（13）使用文字工具 T 和直线工具 / 制作介绍文字，如图 11-1-44 所示。

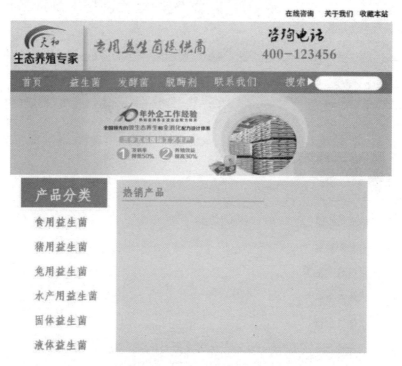

图 11-1-44　制作介绍文字

（14）使用移动工具 将产品图像移动到首页图像中，如图 11-1-45 所示。

图 11-1-45　移入产品图像

（15）给三个产品图像添加投影效果，如图 11-1-46 所示。

图 11-1-46　添加投影效果

（16）使用直线工具 ∕ 绘制直线，使用文字工具 T 输入文字，如图 11-1-47 所示。

图 11-1-47　绘制直线和输入文字

（17）保存文件。单击"文件"→"存储为"命令，打开"存储为"对话框，设置保存格式为"PNG"。

11.2 Dreamweaver 与 Flash 结合

11.2.1 了解 Flash CC

Flash CC 是一款优秀的矢量动画制作软件，该软件界面简洁、功能强大。通过 Flash 软件可以制作丰富多彩的动画效果。它是动画设计的初学者和专业动画制作人员的首选。

11.2.2 Flash CC 的工作界面介绍

Flash CC 的工作界面由菜单栏、工具箱、舞台、时间轴面板、属性面板和浮动面板等组成，如图 11-2-1 所示。

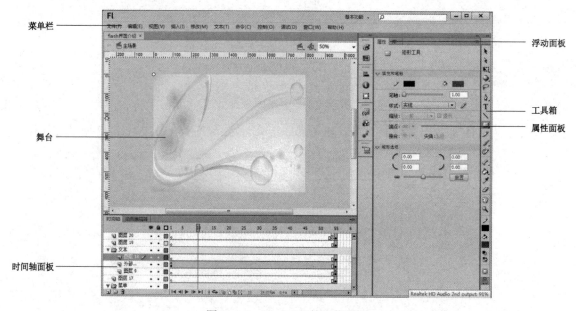

图 11-2-1　Flash CC 的工作界面

1．菜单栏

Flash CC 提供了 11 个菜单，利用这些菜单可以进行所有的动画操作。

2．工具箱

在 Flash CC 工具箱中提供了多种工具，利用这些工具可以绘制、选择和修改图形，给图形填充颜色或改变视图的显示等。

常用工具如下。

选择工具：使用选择工具可以选择舞台中的图形。

部分选择工具：使用部分选择工具可以选取对象的部分区域。

任意变形工具：使用任意变形工具可以对选择的对象进行变形。

钢笔工具：使用钢笔工具可以绘制不规则图形。

铅笔工具：使用铅笔工具可以模拟铅笔进行手绘。

油漆桶工具：使用油漆桶工具可以为选择的图形填充颜色。

墨水瓶工具：使用墨水瓶工具可以为选择的对象的边框描边。

文字工具：使用文字工具可以输入文字。

缩放工具：使用缩放工具可以放大或缩小图形。

3．舞台

舞台是用于放置图形的矩形区域，只有在舞台中的对象才能被最终输出。

4．时间轴面板

时间轴面板是 Flash 最重要的部分之一，它用于管理动画的图层和帧。时间轴面板由左侧的图层面板和右侧的时间轴组成。Flash 动画就是在时间轴中按顺序播放的一个个画面的组合。

5．属性面板

属性面板提供了工具属性的选项，当选择不同工具时，属性面板显示不同的选项。

6．浮动面板

浮动面板为操作提供了大量的便利，例如，在使用库元素时可以打开"库"面板。

11.2.3　制作 Banner 动画

1．知识介绍

Banner 是指横幅广告或通栏广告。在网站设计和制作中，除图片、文字、图标外，通常还有一个较大篇幅或占据重要位置的广告，往往称其为 Banner。制作动感的 Banner 可增加网站的视觉效果。

2．实例操作

本任务用 Flash 软件制作网站的 Banner 动画，最终效果如图 11-2-2 所示。

微课视频 11.2.3

图 11-2-2　网站的 Banner 动画效果

3．操作步骤

（1）打开 Flash 软件，新建一个 650×70px 的文档，设置背景色为白色，如图 11-2-3 所示。

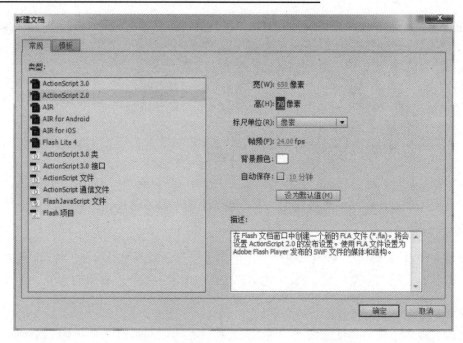

图 11-2-3　新建一个 650×70px 的 Flash 文档

（2）单击"文件"→"导入"→"导入到舞台"命令，打开"导入"对话框，导入图像"背景 1.jpg"，如图 11-2-4 所示。

图 11-2-4　导入图像"背景 1.jpg"

（3）设置图像"背景 1.jpg"的大小为"650×70px"，如图 11-2-5 所示。

（4）在图层 1 的第 55 帧处右击，在弹出的快捷菜单中选择"插入关键帧"命令，如图 11-2-6 所示。

（5）单击"时间轴"面板中的"插入图层"按钮，添加图层 2，如图 11-2-7 所示。

（6）在图层 2 的第 10 帧处右击，在弹出的快捷菜单中选择"插入关键帧"命令，插入关键帧。导入图像"背景 2.jpg"，设置图像的大小为"650×70px"，如图 11-2-8 所示。

（7）在图层 2 的第 20 帧处右击，在弹出的快捷菜单中选择"转换为关键帧"命令，转换为关键帧，如图 11-2-9 所示。

图 11-2-5　设置图像大小

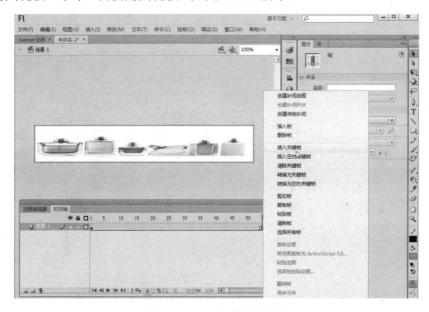

图 11-2-6　"插入关键帧"命令

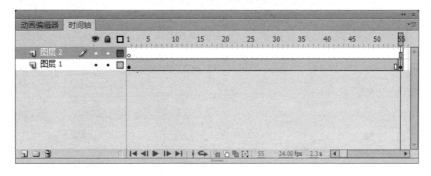

图 11-2-7　添加图层 2

（8）将图层 2 的第 10 帧图像移动到画布外，如图 11-2-10 所示。

（9）在图层 2 的第 10 帧和第 20 帧之间的时间轴上右击，在弹出的快捷菜单中选择"创建传统补间"命令，如图 11-2-11 所示。

（10）单击"时间轴"面板中的"插入图层"按钮，添加图层 3，在图层 3 的第 20 帧处插入一个关键帧，如图 11-2-12 所示。

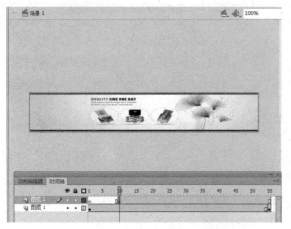

图 11-2-8　导入图像"背景 2.jpg"

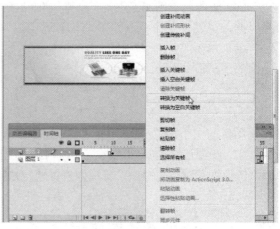

图 11-2-9　转换为关键帧

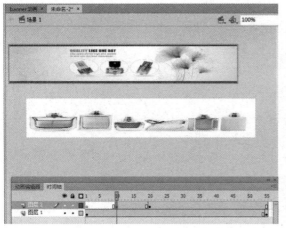

图 11-2-10　移出图像

图 11-2-11　"创建传统补间"命令

（11）在图层 3 的第 20 帧处导入图像"背景 3.jpg"，设置图像的大小为"650×70px"，如图 11-2-13 所示。

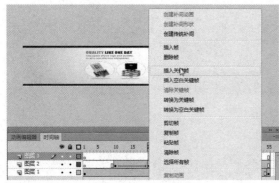

图 11-2-12　插入关键帧

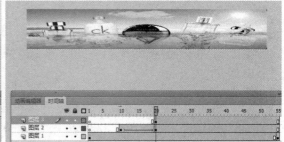

图 11-2-13　导入图像"背景 3.jpg"

（12）在图层 3 的第 30 帧处右击，在弹出的快捷菜单中选择"转换为关键帧"命令，转换为关键帧，如图 11-2-14 所示。

（13）选择图层 3 第 20 帧的图像，使用任意变形工具 缩小图像，如图 11-2-15 所示。

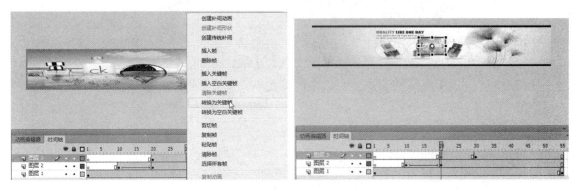

图 11-2-14　转换为关键帧　　　　　　　　　　　图 11-2-15　缩小图像

（14）在图层 3 的第 20 帧和第 30 帧之间的时间轴上右击，在弹出的快捷菜单中选择"创建传统补间"命令，如图 11-2-16 所示。

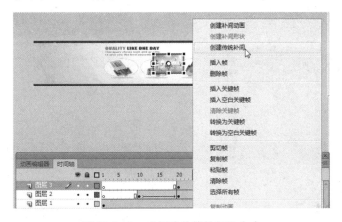

图 11-2-16　"创建传统补间"命令

（15）单击"时间轴"面板中的"插入图层"按钮 ，添加图层 4，在图层 4 的第 30 帧处插入一个关键帧，如图 11-2-17 所示。

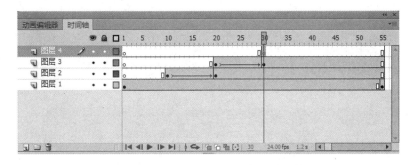

图 11-2-17　添加图层 4 并插入关键帧

（16）在图层 4 的第 30 帧使用文字工具 输入"美丽一生"，如图 11-2-18 所示。

（17）选择"美丽一生"，单击"修改"→"分离"命令，如图 11-2-19 所示。

（18）单击"修改"→"时间轴"→"分散到图层"命令，如图 11-2-20 所示。

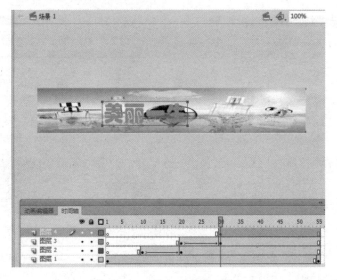

图 11-2-18　输入"美丽一生"

图 11-2-19　"分离"命令

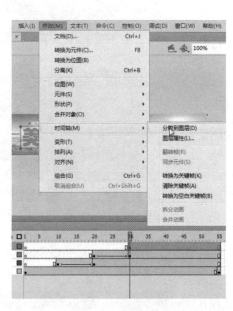

图 11-2-20　"分散到图层"命令

（19）将图层 4 删除，调整"美""丽""一""生"4 个图层的关键帧的位置，如图 11-2-21 所示。

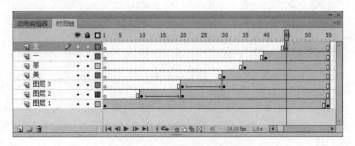

图 11-2-21　调整关键帧的位置

（20）将"美"图层的第 35 帧转换为关键帧，"丽"图层的第 40 帧转换为关键帧，"一"
图层的第 45 帧转换为关键帧，"生"图层的第 50 帧转换为关键帧，如图 11-2-22 所示。

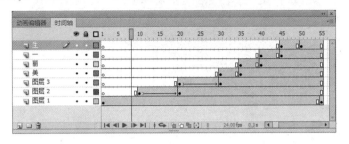

图 11-2-22　转换为关键帧

（21）将"美"图层的第 30 帧的文字移动到画布外，并用任意变形工具 [图标]修改大小和位
置，如图 11-2-23 所示。

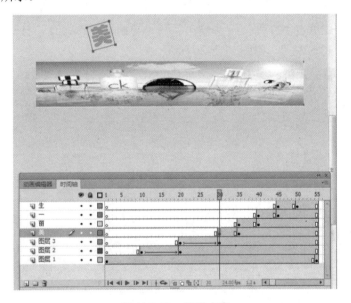

图 11-2-23　移出文字

（22）在"美"图层的第 30 帧和第 35 帧之间的时间轴上右击，在弹出的快捷菜单中选择
"创建传统补间"命令，创建传统补间动画，如图 11-2-24 所示。

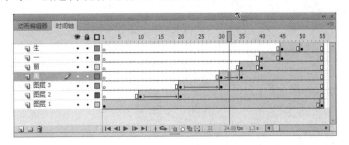

图 11-2-24　创建传统补间动画

（23）使用步骤（21）～步骤（22）的方法，创建"丽""一""生"图层的效果，如图 11-2-25
所示。

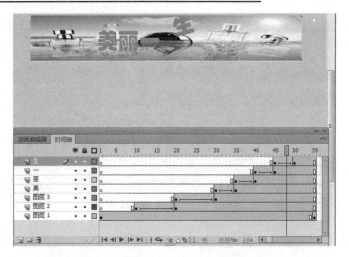

图 11-2-25　创建"丽""一""生"图层的效果

（24）导出文件。单击"文件"→"导出"→"导出影片"命令，打开"导出影片"对话框，设置保存类型为"SWF"，如图 11-2-26 所示。

图 11-2-26　导出文件

（25）打开 Dreamweaver 软件，单击"插入"→"HTML"→"Flash SWF"命令，打开"选择 SWF"对话框，选择文件。插入 SWF 文件后的效果如图 11-2-27 所示。

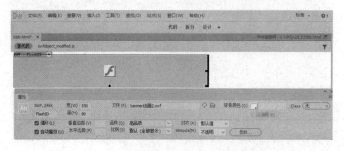

图 11-2-27　插入 SWF 文件后的效果

11.2.4　用 Flash 制作网站的首页

1．知识介绍

用 Flash 制作网站的首页，然后插入 Dreamweaver 中，这样会有更炫的效果。

微课视频 11.2.4

2．实例操作

本任务用 Flash 软件制作网站的首页，最终效果如图 11-2-28 所示。

图 11-2-28　用 Flash 制作网站的首页效果

3．操作步骤

（1）打开 Flash 软件，新建一个 550×600px 的文档，设置背景色为白色，如图 11-2-29 所示。

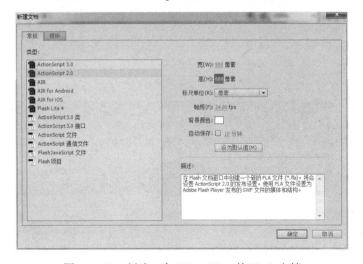

图 11-2-29　新建一个 550×600px 的 Flash 文档

（2）在图层 1 导入图像"汽车 1.jpg"，设置图像大小为"550×150px"，将图像移动到画布的顶部，如图 11-2-30 所示。

图 11-2-30　导入图像"汽车 1.jpg"

（3）在图层 1 的第 5 帧处插入关键帧，如图 11-2-31 所示。

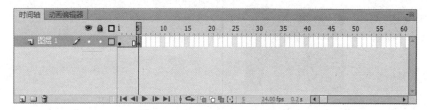

图 11-2-31　插入关键帧

（4）将图层 1 的第 1 帧的图像移动到画布中间，如图 11-2-32 所示。

图 11-2-32　移动图像

（5）在图层 1 的第 1 帧和第 5 帧之间的时间轴上右击，在弹出的快捷菜单中选择"创建传统补间"命令，创建传统补间动画，如图 11-2-33 所示。

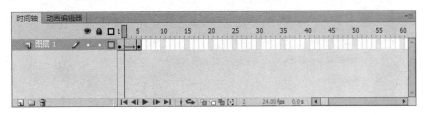

图 11-2-33　创建传统补间动画

（6）单击"时间轴"面板中的"插入图层"按钮 ，添加图层 2，并在图层 2 的第 5 帧处插入一个关键帧，如图 11-2-34 所示。

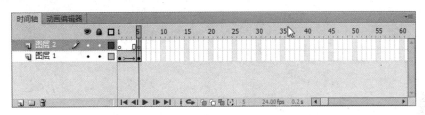

图 11-2-34　添加图层 2 并插入关键帧

（7）单击"窗口"→"公共库"→"Buttons"命令，打开"外部库"面板，如图 11-2-35 所示。

（8）展开"buttons rounded"文件夹，选择"rounded blue"选项，将"Enter"按钮拖入场景中，如图 11-2-36 所示。

（9）双击"Enter"按钮进入按钮编辑状态，修改按钮的文字，如图 11-2-37 所示。

图 11-2-35　"外部库"面板

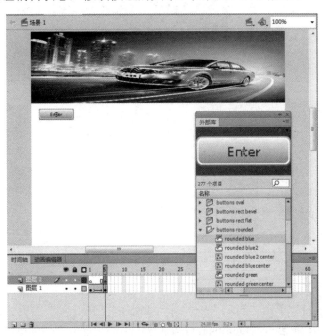

图 11-2-36　在场景中添加"Enter"按钮

图 11-2-37　修改按钮的文字

（10）单击"场景1"的"首页"按钮，返回到场景，如图11-2-38所示。

图 11-2-38　返回场景

（11）单击"窗口"→"库"命令，打开"库"面板，如图11-2-39所示。

（12）展开"buttons rounded"文件夹，右击"rounded blue"选项，在弹出的快捷菜单中选择"直接复制"命令，如图11-2-40所示。

图 11-2-39　"库"面板

图 11-2-40　"直接复制"命令

（13）使用步骤（12）的方法复制出 4 个按钮，并将这些按钮拖入舞台中，如图 11-2-41 所示。

图 11-2-41　复制按钮

（14）使用步骤（9）的方法修改按钮文字，如图 11-2-42 所示。

（15）将图层 2 的第 6 帧～第 9 帧每一帧处插入一个关键帧，如图 11-2-43 所示。

（16）将图层 2 的第 5 帧第 1 个按钮保留，删除其他按钮，如图 11-2-44 所示。

（17）制作关键帧动画。将图层 2 的第 6 帧前 2 个按钮保留，删除其他按钮。第 7 帧保留前 3 个按钮，删除其他按钮。第 8 帧保留前 4 个按钮，删除其他按钮。第 9 帧保留全部按钮。

如图 11-2-45 所示。

（18）单击"时间轴"面板中的"插入图层"按钮 ，添加图层 3，在图层 3 的第 10 帧处插入一个关键帧，如图 11-2-46 所示。

图 11-2-42　修改按钮文字

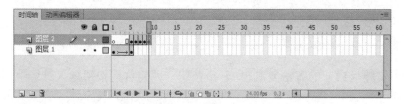

图 11-2-43　插入关键帧

图 11-2-44　保留第 1 个按钮

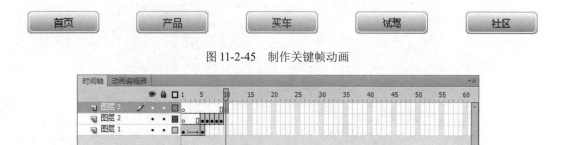

图 11-2-45　制作关键帧动画

图 11-2-46　添加图层 3 并插入关键帧

（19）在图层 3 的第 10 帧使用文字工具 输入"welcome"，并设置英文的字体为"微软雅黑"，添加"发光"滤镜，如图 11-2-47 所示。

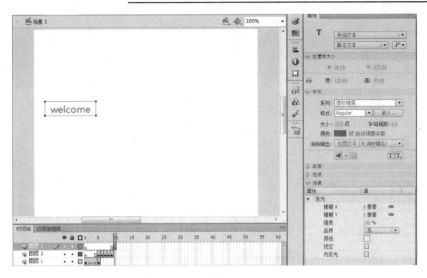

图 11-2-47　输入"welcome"

（20）单击"时间轴"面板中的"插入图层"按钮 ，添加图层 4，在图层 4 的第 11 帧处插入一个关键帧，导入图像"汽车 2.jpg"，如图 11-2-48 所示。

（21）选择图片，单击"修改"→"转换为元件"命令，打开"转换为元件"对话框，设置类型为"影片剪辑"，如图 11-2-49 所示。

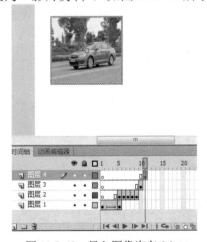

图 11-2-48　导入图像汽车 2.jpg　　　　图 11-2-49　"转换为元件"对话框

（22）选择图片，添加外发光和投影滤镜效果，如图 11-2-50 所示。

（23）在图层 4 的第 15 帧处插入一个关键帧，将第 10 帧的图像移动到画布外，在第 10 帧和第 15 帧之间创建传统补间动画，如图 11-2-51 所示。

（24）单击"时间轴"面板中的"插入图层"按钮 ，添加图层 5，在图层 5 的第 15 帧处插入一个关键帧，绘制一条直线，如图 11-2-52 所示。

（25）单击"时间轴"面板中的"插入图层"按钮 ，添加图层 6，在图层 6 的第 16 帧处插入一个关键帧，输入文字，如图 11-2-53 所示。

（26）在图层 1～5 的第 16 帧处分别添加帧，如图 11-2-54 所示。

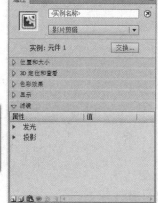

图 11-2-50　添加外发光和投影滤镜效果

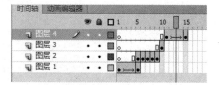

图 11-2-51　创建传统补间动画

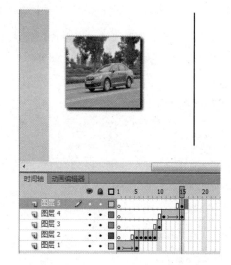

图 11-2-52　绘制直线

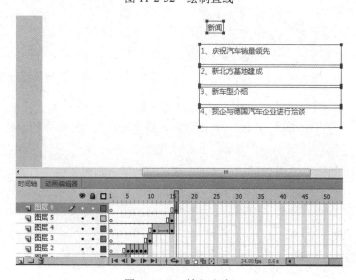

图 11-2-53　输入文字

图 11-2-54　添加帧

（27）导出文件。单击"文件"→"导出"→"导出影片"命令，打开"导出影片"对话框，设置保存类型为"SWF"。

11.3　实训——创建张家界旅游网

11.3.1　实训目标

本实训的目标是掌握 Photoshop 软件和 Flash 软件在网页制作中的应用。本实训完成后的张家界旅游网效果如图 11-3-1 所示。

图 11-3-1　张家界旅游网效果

11.3.2 实训要求

（1）将素材张家界图像的大小修改为"750×100px"，并添加文字"张家界旅游网"。

微课视频 11.3

（2）利用图像制作一个 760×100px 的 Flash 动画。

（3）在练习文档 11.3.html 的顶部插入 Flash 动画。

11.3.3 操作步骤

（1）修改图像大小。打开 Photoshop 软件，打开素材图像"张家界.jpg"。单击"图像"→"图像大小"命令，打开"图像大小"对话框，设置图像的大小为 "750×100px"，如图 11-3-2 所示。

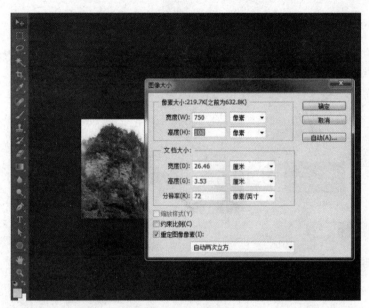

图 11-3-2　修改图像大小

（2）输入文字。使用文字工具 T 输入"张家界旅游网"，调整文字的颜色和字体等参数，如图 11-3-3 所示。

图 11-3-3　输入"张家界旅游网"

（3）添加图层样式。为文字图层添加"外发光"的图层样式，如图 11-3-4 所示。

（4）保存图像。单击"文件"→"存储为"命令，打开"存储为"对话框，设置格式为"PNG"，如图 11-3-5 所示。

图 11-3-4　添加"外发光"的图层样式

图 11-3-5　保存图像

（5）新建 Flash 文档。打开 Flash 软件，单击"文件"→"新建"命令，打开"新建文档"对话框，新建一个 760×100px 的文档，如图 11-3-6 所示。

（6）导入图像。单击"文件"→"导入"→"导入到舞台"命令，打开"导入"对话框，导入步骤（4）中制作好的图像，如图 11-3-7 所示。

（7）插入帧。在图层 1 的第 40 帧处插入帧，如图 11-3-8 所示。

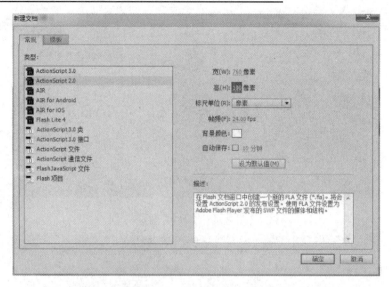

图 11-3-6　新建一个 760×100px 的 Flash 文档

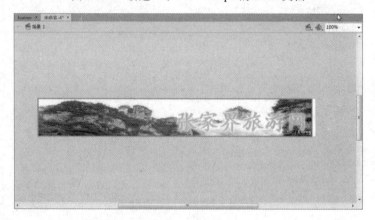

图 11-3-7　导入图像

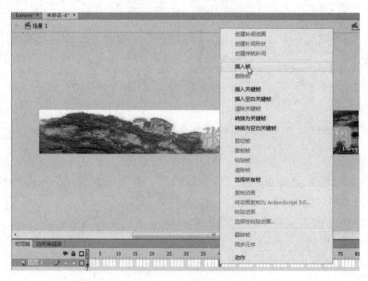

图 11-3-8　插入帧

（8）绘制矩形。单击"时间轴"面板中的"插入图层"按钮 ，添加图层 2，在图层 2 的第 1 帧处绘制一个无边框的矩形，如图 11-3-9 所示。

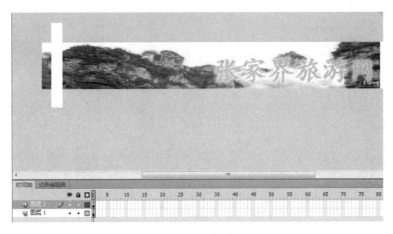

图 11-3-9　绘制矩形

（9）转换为元件。选择矩形图形，单击菜单"修改"→"转换为元件"命令，在弹出的"转换为元件"对话框中，选择类型为"图形"，如图 11-3-10 所示。

（10）设置元件透明度。选择"元件 1"，在"属性"面板中展开"色彩效果"，设置样式为"Alpha"，透明度参数为"64%"，如图 11-3-11 所示。

图 11-3-10　转换为元件

图 11-3-11　设置元件透明度

（11）插入关键帧。在图层 2 的第 20 帧处和第 40 帧处分别插入关键帧，如图 11-3-12 所示。

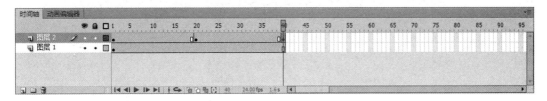

图 11-3-12　插入关键帧

（12）移动图形位置。将图层 2 第 20 帧图形移动到另一侧，如图 11-3-13 所示。

（13）设置关键帧动画。将图层 2 的第 1～20 帧、第 20～40 帧之间的动画设置为传统补间动画，如图 11-3-14 所示。

（14）绘制另一矩形。单击"时间轴"面板中的"插入图层"按钮 ，添加图层 3，在图层 3 的第 1 帧处将库元素"元件 1"拖入场景，使用任意变形工具调整矩形大小，如图 11-3-15 所示。

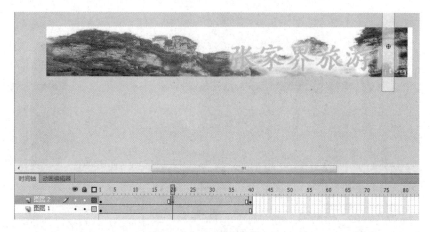

图 11-3-13　移动图形位置

图 11-3-14　设置关键帧动画

图 11-3-15　绘制另一矩形

　　（15）修改矩形透明度。选择矩形，在"属性"面板中展开"色彩效果"，设置样式为"Alpha"，透明度参数为"83%"，如图 11-3-16 所示。

　　（16）插入关键帧。在图层 3 的第 20 帧处和第 40 帧处插入关键帧，如图 11-3-17 所示。

　　（17）移动图形位置。将图层 3 的第 20 帧的图形移动到画布左侧，如图 11-3-18 所示。

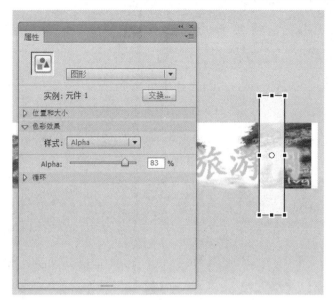

图 11-3-16　修改矩形透明度

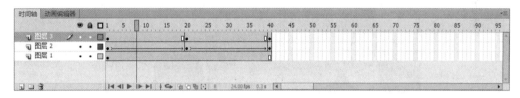

图 11-3-17　插入关键帧

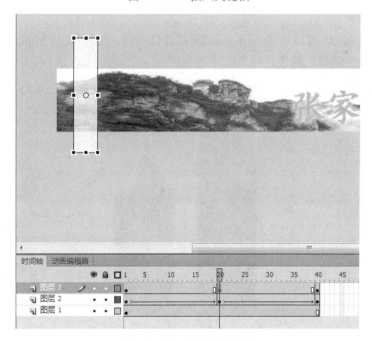

图 11-3-18　移动图形位置

（18）设置关键帧动画。将图层 3 的第 1～20 帧、第 20～40 帧之间的动画设置为传统补间动画，如图 11-3-19 所示。

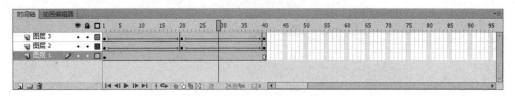

图 11-3-19　设置关键帧动画

（19）导出文件。单击"文件"→"导出"→"导出影片"命令，打开"导出影片"对话框，设置保存类型为"SWF"，如图 11-3-20 所示。

图 11-3-20　导出文件

（20）插入 Flash 动画。用 Dreamweaver 软件打开练习文档 11.3.html，单击"插入"→"HTML"→"Flash SWF"命令，插入刚才导出的 SWF 文件，如图 11-3-21 所示。

图 11-3-21　插入 SWF 文件

（21）保存文件，按【F12】键预览网页。

自我检测

1．填空题

（1）Photosop 源文件的扩展名是_____。

（2）Flash 源文件的扩展名是_____。

（3）Photoshop 是处理_____图像的软件。

（4）Dreamweaver 软件可以插入扩展名为_____的动画。

（5）Photoshop 使用_____命令裁切图像。

（6）Flash 转换为元件的快捷键是_____。

2．操作题

（1）用 Photoshop 软件打开素材图像"蛋糕"，修改图像的大小为"760×70px"。

（2）为素材图像"蛋糕"添加文字"美味可口"，并设置文字的颜色和大小等参数。

（3）用 Flash 软件制作一个 760×70px 的蛋糕动画，效果是图像由小到大。

（4）在 Dreamweaver 中插入蛋糕动画。

第12章

创建移动设备网页

12.1 创建 jQuery Mobile 网页

12.1.1 了解 jQuery Mobile 网页

1. jQuery

jQuery 是一个高效、精简且功能丰富的 JavaScript 工具库，它简化了 HTML 与 JavaScript 之间的操作。jQuery 提供的 API 易于使用且兼容众多浏览器，让诸如 HTML 文档遍历和操作、事件处理、动画和 Ajax 操作更加简单。

2. jQuery Mobile

jQuery Mobile 是 jQuery 在手机和平板设备上的版本，它不仅会给主流移动平台提供 jQuery 核心库，而且会发布一个完整统一的 jQuery 移动 UI 框架。jQuery Mobile 是创建移动 Web 应用程序的框架，它适用于所有常见的智能手机和平板电脑。

12.1.2 创建 jQuery Mobile 网页

1. 知识介绍

在 Dreamweaver CC 2017 中，可以创建一个 HTML 5 页面，然后在页面中添加 jQuery Mobile 组件以创建移动设备网页。

2. 实例操作

本任务将创建一个移动设备网页，最终效果如图 12-1-1 所示。

微课视频 12.1.2

3. 操作步骤

（1）新建一个网页文件，在状态栏设置页面的大小为"375×667px"，如图 12-1-2 所示。

（2）单击"插入"→"jQuery Mobile"→"页面"命令，插入页面，如图 12-1-3 所示。

图 12-1-1　移动设备网页效果

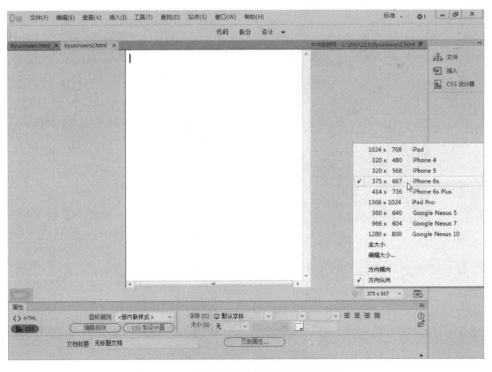

图 12-1-2　新建网页文件并设置页面的大小

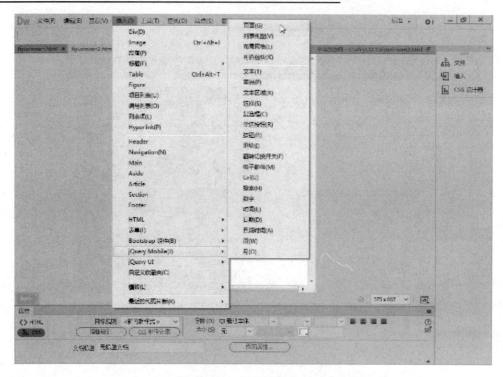

图 12-1-3　"插入页面"命令

（3）打开"jQuery Mobile 文件"对话框，对话框中的"链接类型"选择"本地"选项，"CSS 类型"选择"组合"选项，如图 12-1-4 所示。

图 12-1-4　"jQuery Mobile 文件"对话框

（4）单击"确定"按钮，弹出的"页面"对话框，如图 12-1-5 所示。

图 12-1-5　"页面"对话框

（5）单击"确定"按钮，在页面的标题栏中输入标题"体育新闻"，如图 12-1-6 所示。

图 12-1-6　输入标题"体育新闻"

（6）将光标定位在页面的内容区，单击"插入"→"jQuery Mobile"→"布局网格"命令，在打开的"布局网格"对话框中设置行和列均为"2"，如图 12-1-7 所示。

图 12-1-7　"布局网格"对话框

（7）单击"确定"按钮，插入网格，结果如图 12-1-8 所示。

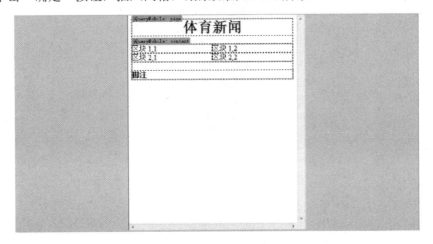

图 12-1-8　插入网格

（8）在相应的区块内插入文字和图片，结果如图 12-1-9 所示。

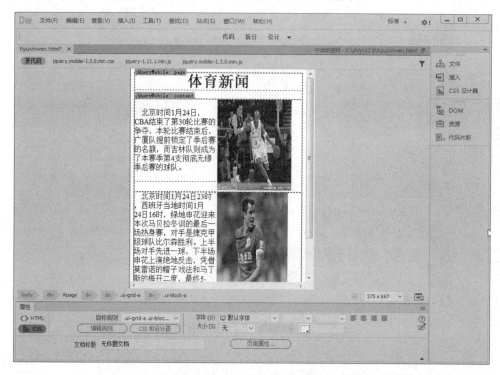

图 12-1-9　插入文字和图片

（9）在脚注区输入"敬请关注体育新闻"，如图 12-1-10 所示。

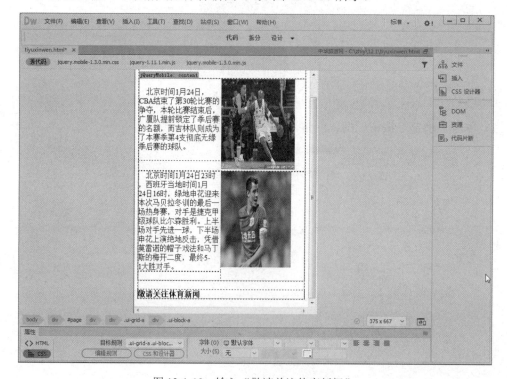

图 12-1-10　输入"敬请关注体育新闻"

（10）保存文件，按【F12】键预览网页。

12.2　创建 jQuery Mobile 表单

1．知识介绍

通过 jQuery Mobile 组件可以添加表单元素。

微课视频 12.2

2．实例操作

本任务将创建一个信息查找表单，最终效果如图 12-2-1 所示。

微课视频	\视频\第 12 章\ 12.2

图 12-2-1　信息查找表单效果

3．操作步骤

（1）新建一个网页文件，在状态栏设置页面的大小为"375×667px"，如图 12-2-2 所示。

（2）单击"插入"→"jQuery Mobile"→"页面"命令，打开"jQuery Mobile 文件"对话框，对话框中的"链接类型"选择"本地"选项，"CSS 类型"选择"组合"选项，如图 12-2-3 所示。

（3）单击"确定"按钮，弹出"页面"对话框，如图 12-2-4 所示。

（4）单击"确定"按钮，在页面的标题栏中输入标题"信息查找"，如图 12-2-5 所示。

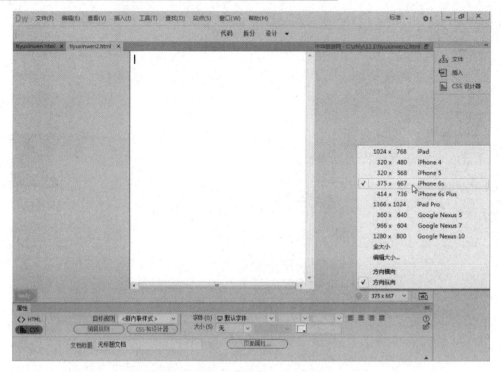

图 12-2-2　新建网页文件并设置页面大小

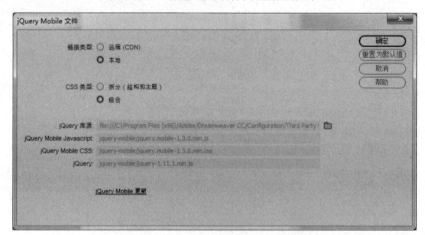

图 12-2-3　"jQuery Mobile 文件"对话框

图 12-2-4　"页面"对话框

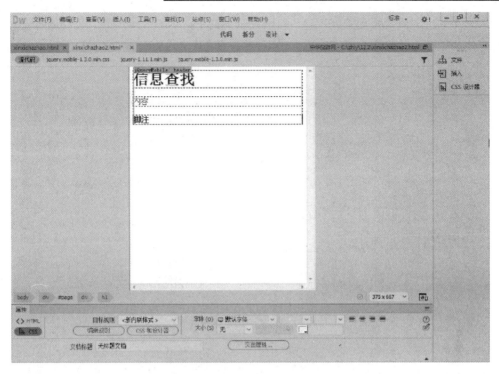

图 12-2-5　输入标题"信息查找"

（5）将光标定位在页面的内容区，单击"插入"→"Table"命令，插入一个 6 行 2 列的表格，设置表格的宽度为"100%"，如图 12-2-6 所示。

图 12-2-6　插入表格

（6）在表格内输入文字内容，如图 12-2-7 所示。

（7）将光标定位在"全民"对应的单元格中，单击"插入"→"jQuery Mobile"→"文本"命令，插入文本域。设置文本域的"Place Holder"属性为"请输入查找姓名"，如图 12-2-8所示。

（8）将光标定位在"需要查找内容"对应的单元格中，单击"插入"→"jQuery Mobile"→"搜索"命令，插入"搜索"文本域。设置文本域的"Place Holder"属性为"找什么？"，如图 12-2-9 所示。

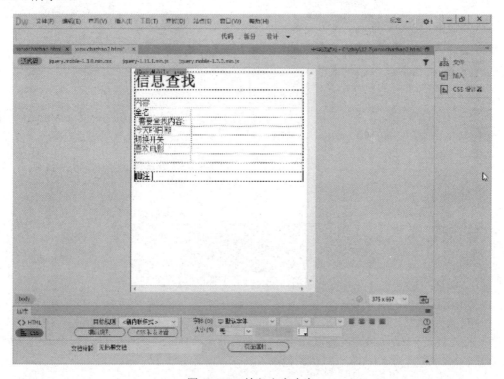

图 12-2-7　输入文字内容

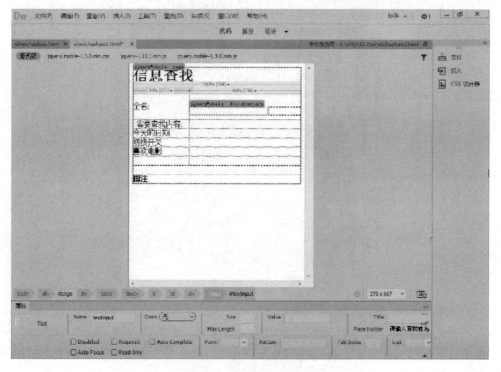

图 12-2-8　插入文本域

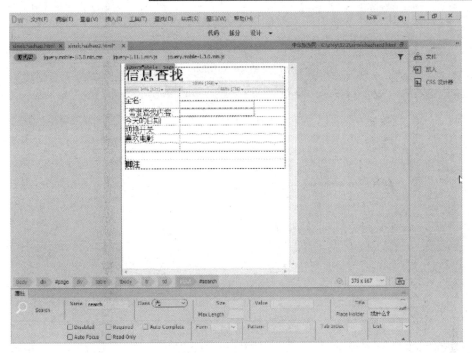

图 12-2-9 插入"搜索"文本域

（9）将光标定位在"今天的日期"对应的单元格中，单击"插入"→"jQuery Mobile"→"日期"命令，插入日期，如图 12-2-10 所示。

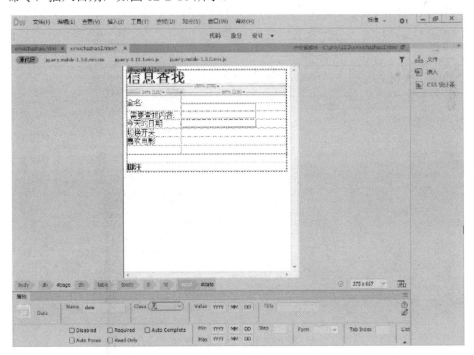

图 12-2-10 插入日期

（10）将光标定位在"切换开关"对应的单元格中，单击"插入"→"jQuery Mobile"→"翻转切换开关"命令，插入切换开关，如图 12-2-11 所示。

（11）将光标定位在"喜欢电影"对应的单元格中，单击"插入"→"jQuery Mobile"→"复选框"命令，插入复选框，如图 12-2-12 所示。

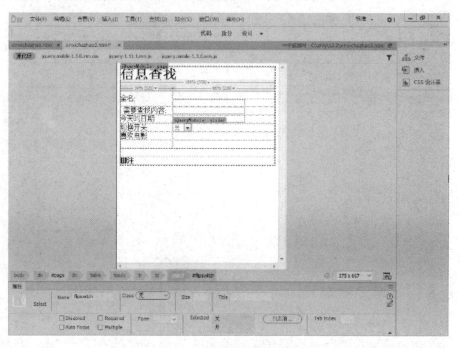

图 12-2-11　插入切换开关

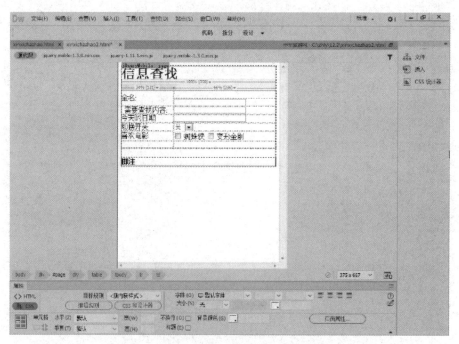

图 12-2-12　插入复选框

（12）将光标定位在表格的下方，单击"插入"→"jQuery Mobile"→"按钮"命令，插入按钮并修改文字，如图 12-2-13 所示。

（13）保存文件，按【F12】键预览网页。

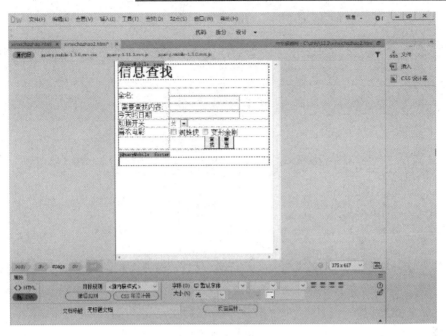

图 12-2-13 插入按钮并修改文字

12.3 实训——创建海南旅游网

12.3.1 实训目标

本实训的目标是掌握 jQuery Mobile 网页的制作。本实训完成后海南旅游网的效果如图 12-3-1 所示。单击"海南旅游信息"选项，结果如图 12-3-2 所示。单击"海南旅游报名"选项，结果如图 12-3-3 所示。

图 12-3-1 海南旅游网效果

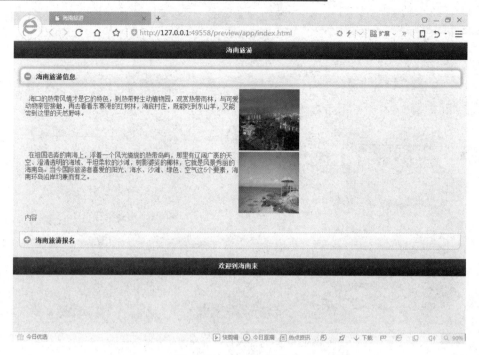

图 12-3-2　海南旅游信息

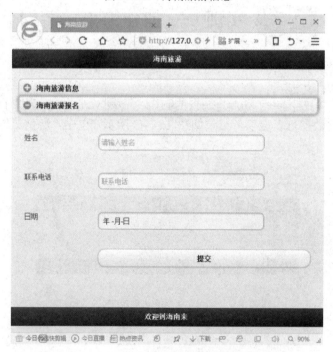

图 12-3-3　海南旅游报名

12.3.2　实训要求

（1）创建 jQuery Mobile 网页。

（2）插入 2 个可折叠区域，分别为"海南旅游信息"和"海南旅游报名"。

（3）在第 1 个可折叠区域内输入海南的景点文字信息。

（4）在第 2 个可折叠区域内输入报名的表单。

微课视频	\视频\第 12 章\ 12.3

12.3.3　操作步骤

（1）新建 jQuery Mobile 网页。新建一个网页文件，在状态栏设置页面的大小为"375×667px"，单击"插入"→"jQuery Mobile"→"页面"命令，打开"jQuery Mobile 文件"对话框，对话框中的"链接类型"选择"本地"选项，"CSS 类型"选择"组合"选项，单击"确定"按钮，结果如图 12-3-4 所示。

（2）创建可折叠区域。在标题栏中输入标题文字，单击"插入"→"jQuery Mobile"→"可折叠块"命令，插入 3 个可折叠区域，如图 12-3-5 所示。

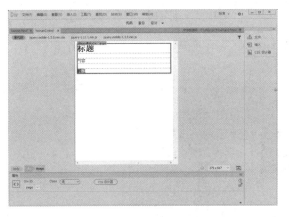

图 12-3-4　新建 jQuery Mobile 网页

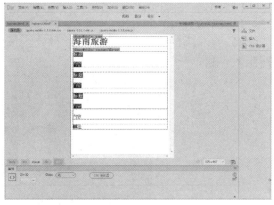

图 12-3-5　创建可折叠区域

（3）创建第 1 个可折叠区域内容。将光标定位在第 1 个可折叠区域内，将标题修改为"海南旅游信息"，单击"插入"→"jQuery Mobile"→"布局网格"命令，插入一个 2 行 2 列的网格，如图 12-3-6 所示。在相应位置插入文字和图像，如图 12-3-7 所示。

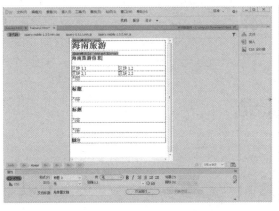

图 12-3-6　插入布局网格

图 12-3-7　插入文字和图像

（4）创建第 2 个可折叠区域的内容。将光标定位在第 2 个可折叠区域内，将标题修改为"海南旅游报名"，单击"插入"→"Table"命令，插入一个 4 行 2 列的表格，在表格内输入文字，如图 12-3-8 所示。在对应的单元格中插入文本域和日期，可折叠区域如图 12-3-9 所示。

图 12-3-8　插入表格

图 12-3-9　第 2 个可折叠区域

（5）输入脚注内容。将第 3 个可折叠区域的 Div 删除，在脚注位置输入文字，如图 12-3-10 所示。

图 12-3-10　输入脚注内容

（6）保存文件，按【F12】键预览网页。

自我检测

1. 填空题

（1）jQuery 是一个高效、精简且功能丰富的_____工具库，它简化了 HTML 与 JavaScript 之间的操作。

（2）jQuery Mobile 是 jQuery 在_____和_____设备上的版本。

（3）创建 jQuery Mobile 网页首先要创建_____。

2．操作题

（1）创建一个 jQuery Mobile 网页并输入文字内容。

（2）在 jQuery Mobile 网页内插入一个 2 行 2 列的布局网格。

（3）在 jQuery Mobile 网页内插入一个会员信息调查表。

第13章

综合应用

13.1 实训目标及制作思路

13.1.1 实训目标

本实训以制作"影视欣赏"网站为例，从网站的规划、设计到网站的制作完成，系统地讲解网站制作的流程和相关技术。通过本实训巩固本书所学内容，提高网页设计与制作的综合能力。本实训完成后效果如图 13-1-1～图 13-1-3 所示。

图 13-1-1 "影视欣赏"网站首页效果

图 13-1-2 "影视欣赏"网站影视介绍页面效果

图 13-1-3　"影视欣赏"网站调查页面效果

13.1.2　制作思路

"影视欣赏"网站是以提供影视资讯、影视介绍、影视欣赏为主的网站。因此，在设计和制作的过程中首先要进行站点的定位，确定网站的主题和中心；然后，进行站点的规划和设计，确定站点的栏目和导航，以及设计页面的布局；接下来，进行素材的收集和制作；最后，根据规划和设计进行页面的具体制作和测试。

13.2　站点规划及建立站点

13.2.1　站点规划

"影视欣赏"网站导航的草图如图 13-2-1 所示，主要分为 5 个栏目，各栏目的内容分别如下。

图 13-2-1　"影视欣赏"网站导航的草图

首页：提供网站的门户功能。

电影：提供电影方面的资讯和介绍。

电视剧：提供电视剧方面的资讯和介绍。

漫画：提供漫画方面的资讯和介绍。

影视交流：为网友提供动态交流的平台。

本任务以制作"首页""电影""影视交流" 3 个页面为例来制作网站。

13.2.2　建立站点

（1）新建站点。打开 Dreamweaver CC 2017，单击"站点"→"新建

微课视频 13.2.2

239

站点"命令，设置站点名称和站点文件夹，如图 13-2-2 所示。

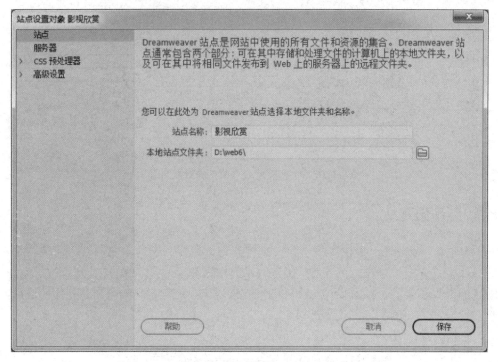

图 13-2-2　新建站点

（2）新建文件夹。单击"窗口"→"文件"命令，打开"文件"面板。右击站点文件夹，在弹出的快捷菜单中选择"新建文件夹"命令，新建 3 个文件夹，分别为"image""flash""css"，如图 13-2-3 所示。

（3）新建文件。打开"文件"面板，右击站点文件夹，在弹出的快捷菜单中选择"新建文件"命令，新建 3 个文件，分别为"index.html""dianyingjieshao.html""yingshijiaoliu.html"，如图 13-2-4 所示。

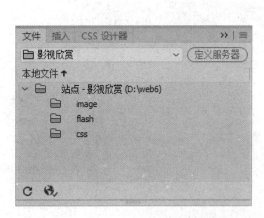

图 13-2-3　新建文件夹

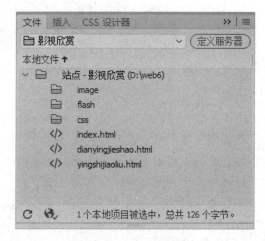

图 13-2-4　新建文件

13.3 素材准备

13.3.1 制作背景图片

（1）新建 Photoshop 文档。打开 Photoshop 软件，单击"文件"→"新建"命令，新建一个 70×70px 的 Photoshop 文档，如图 13-3-1 所示。

微课视频 13.3.1

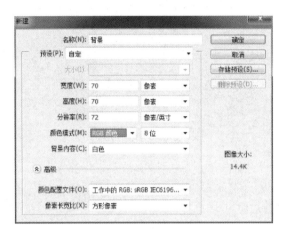

图 13-3-1 新建一个 70×70px 的 Photoshop 文档

（2）填充前景色。设置前景色为"绿色（#b8e25f）"，单击"编辑"→"填充"命令，用前景色填充画布，如图 13-3-2 所示。

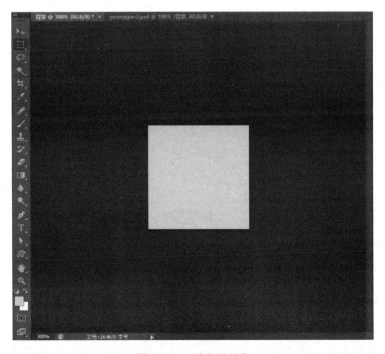

图 13-3-2 填充前景色

（3）绘制形状。使用自定义形状工具 绘制形状，如图 13-3-3 所示。

图 13-3-3　绘制形状

（4）保存文件。单击"文件"→"存储为"命令，保存文件，保存格式为"JPG"。

13.3.2　制作导航按钮

微课视频 13.3.2

（1）新建文档。单击"文件"→"新建"命令，新建一个 470×40px 的 Photoshop 文档，如图 13-3-4 所示。

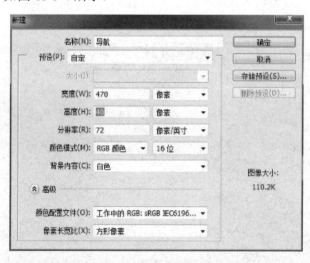

图 13-3-4　新建一个 470×40px 的 Photoshop 文档

（2）绘制导航按钮。使用圆角矩形工具 绘制形状，如图 13-3-5 所示。

图 13-3-5　绘制导航按钮

（3）添加图层样式。选择导航按钮图层，单击"图层"面板底部的"添加图层样式"按钮，添加"颜色叠加""内发光""描边" 3 个图层样式。设置"颜色叠加"为"粉色，白色，粉色"，"内发光"为"黄色"，"描边"为"青绿色"，如图 13-3-6 所示。

图 13-3-6　添加图层样式

（4）输入文字。使用文字工具 输入文字，如图 13-3-7 所示。

图 13-3-7　输入文字

（5）制作分割线。使用直线工具 制作直线，如图 13-3-8 所示。

图 13-3-8　制作分割线

（6）保存文件。单击"文件"→"存储为"命令，保存文件，保存格式为"JPG"。

13.3.3　制作 Flash 动画

（1）新建文档。打开 Flash 软件，单击"文件"→"新建"命令，新建一个 470×200px 的 Flash 文档，如图 13-3-9 所示。

微课视频 13.3.3

（2）导入图层 1 图像。单击"文件"→"导入"→"导入到舞台"命令，导入图像，并修改图像的大小为"舞台大小"，如图 13-3-10 所示。

（3）插入帧。在图层 1 的第 40 帧处右击，在弹出的快捷菜单中选择"插入帧"命令，插入帧，如图 13-3-11 所示。

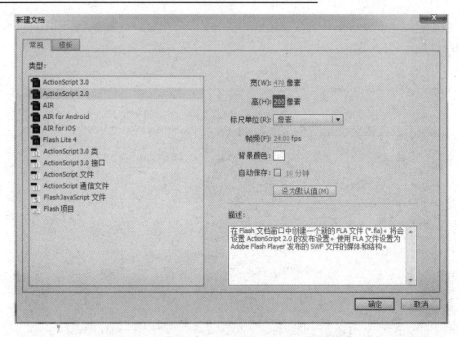

图 13-3-9　新建一个 470×200px 的 Flash 文档

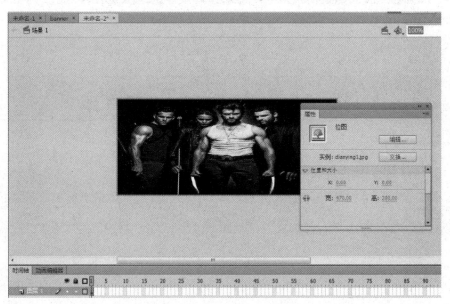

图 13-3-10　导入图层 1 图像

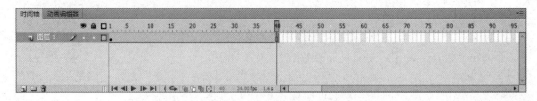

图 13-3-11　插入帧

（4）导入图层 2 图像。单击"时间轴"面板中的"新建图层"按钮，添加图层 2。将光标定位在图层 2 的第 1 帧外，单击"文件"→"导入"→"导入到舞台"命令，导入图像，并修改图像的大小为 470×200px，如图 13-3-12 所示。

图 13-3-12 导入图层 2 图像

（5）设置图层 2 图像位置。在图层 2 的第 20 帧处右击，在弹出的快捷菜单中选择"插入关键帧"命令，将图像移动到舞台中央，如图 13-3-13 所示。

图 13-3-13 设置图层 2 图像位置

（6）设置图层2图像动画。在图层2的第1帧和第20帧之间创建传统补间动画，如图13-3-14所示。

图13-3-14　设置图层2图像动画

（7）导入图层3图像。单击"时间轴"面板中的"新建图层"按钮，添加图层3。在图层3的第20帧处插入关键帧，导入图像，并修改图像的大小为"470×200px"，如图13-3-15所示。

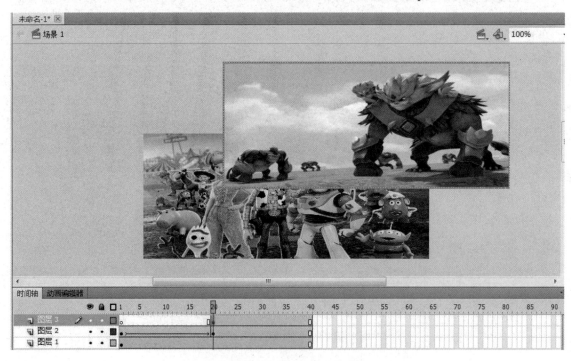

图13-3-15　导入图层3图像

（8）设置图层 3 图像动画。在图层 3 的第 40 帧处插入关键帧，移动图像位置，在第 20 帧和第 40 帧之间创建传统补间动画，如图 13-3-16 所示。

图 13-3-16　设置图层 3 图像动画

（9）保存和导出文件。单击"文件"→"保存"命令，保存源文件。单击"文件"→"导出"→"导出影片"命令，导出影片，设置导出的格式为"SWF"，导出文件如图 13-3-17 所示。

图 13-3-17　导出文件

13.4 首页制作

13.4.1 利用 Div+CSS 布局网页

（1）插入 Div 标签。打开"index.html"文件，单击"插入"→
"Div"命令，打开"插入 Div 标签"对话框，设置 ID 名称为"top"，
如图 13-4-1 所示。

微课视频 13.4.1

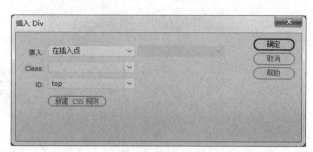

图 13-4-1 插入 Div 标签

（2）插入其他 Div 标签。使用步骤（1）的方法插入其他 3 个 Div 标签，设置 ID 名称
分别为"mid-1""mid-2""bottom"，如图 13-4-2 所示。

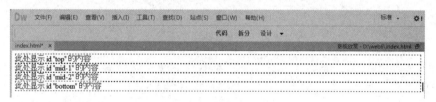

图 13-4-2 插入其他 Div 标签

（3）在"top"标签中插入 3 个 Div 标签。使用步骤（1）的方法在"top"标签中插入 3 个
Div 标签，设置 ID 名称分别为"top-left""top-mid""top-right"，如图 13-4-3 所示。

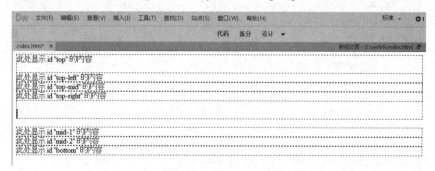

图 13-4-3 在"top"标签中插入 3 个 Div 标签

（4）在"top-mid"标签中插入 3 个 Div 标签。使用步骤（1）的方法在"top-mid"标签中
插入 3 个 Div 标签，设置 ID 名称分别为"top-mid-top""top-mid-mid""top-mid-bottom"，如
图 13-4-4 所示。

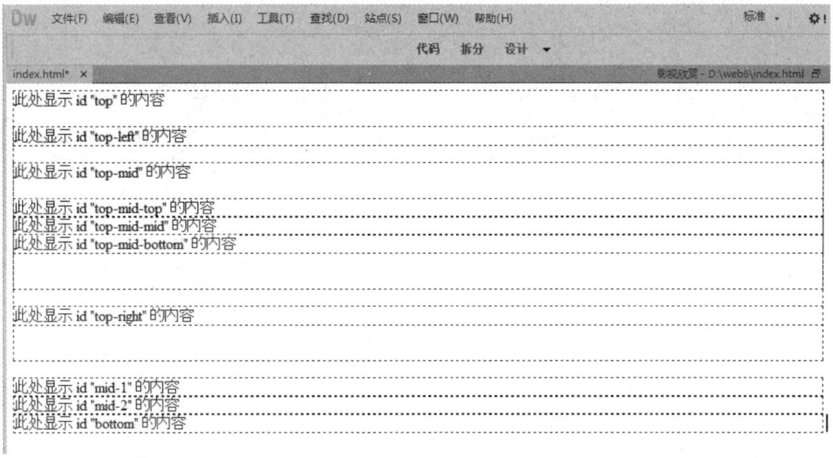

图 13-4-4 在"top-mid"标签中插入 3 个 Div 标签

（5）在"mid-2"标签中插入 4 个 Div 标签。使用步骤（1）的方法在"mid-2"标签中插入 4 个 Div 标签，设置类名称为"mid-2-image"，如图 13-4-5 所示。

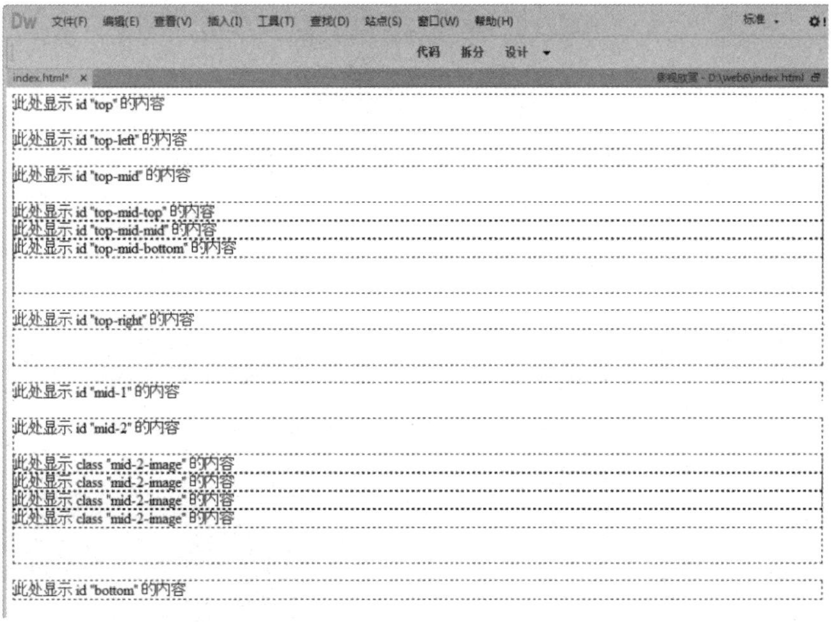

图 13-4-5 在"mid-2"标签中插入 4 个 Div 标签

（6）创建页面内样式表。单击"窗口"→"CSS 设计器"命令，打开"CSS 设计器"面板，单击"源"窗格中的 + 按钮，选择"在页面中定义"命令，创建页面内样式表，如图 13-4-6 所示。

（7）设置"top"标签的 CSS 样式。选择"top"标签，单击"源"窗格中的 + 按钮，创建名称为"#top"的样式，设置"top"标签的宽度为"750px"，左、右边框均为"auto"，如图 13-4-7 所示。

（8）设置"top-left"标签的 CSS 样式。选择"top-left"标签，单击"源"窗格中的 + 按钮，创建名称为"#top-left"的样式，设置"top-left"标签的宽度为"135px"，高度为"280px"，浮动方向为"left"，背景图像为"beijing.jpg"，如图 13-4-8 所示。

图 13-4-6　创建页面内样式表

图 13-4-7　设置"top"标签的 CSS 样式

（9）设置"top-mid"标签的 CSS 样式。选择"top-mid"标签，单击"源"窗格中的 + 按钮，创建名称为"#top-mid"的样式，设置"top-mid"标签的宽度为"470px"，浮动方向为"left"，左、右边界均为"5px"，上、下边界均为"0px"，如图 13-4-9 所示。

图 13-4-8　设置"top-left"标签的 CSS 样式

图 13-4-9　设置"top-mid"标签的 CSS 样式

（10）设置"top-mid-mid"标签的 CSS 样式。选择"top-mid-mid"标签，单击"源"窗格中的 + 按钮，创建名称为"#top-mid-mid"的样式，设置"top-mid-mid"标签的高度为"2px"，如图 13-4-10 所示。

（11）设置"top-right"标签的 CSS 样式。选择"top-right"标签，单击"源"窗格中的 + 按钮，创建名称为"#top-right"的样式，设置"top-right"标签的宽度为"135px"，高度为"280px"，浮动方向为"left"，背景图像为"beijing.jpg"，如图 13-4-11 所示。

图 13-4-10　设置"top-mid-mid"标签的 CSS 样式　　图 13-4-11　设置"top-right"标签规则的的 CSS 样式

（12）设置"mid-1"标签的 CSS 样式。选择"mid-1"标签，单击"源"窗格中的 + 按钮，创建名称为"#mid-1"的样式，设置"mid-1"标签的宽度为"750px"，左、右边界均为"auto"，清除为"both"，文本对齐方式为"center"，如图 13-4-12 所示。

（13）设置"mid-2"标签的 CSS 样式。选择"mid-2"标签，单击"源"窗格中的 + 按钮，创建名称为"#mid-2"的样式，设置"mid-2"标签的宽度为"600px"，左、右边界均为"auto"，如图 13-4-13 所示。

图 13-4-12　设置"mid-1"标签的 CSS 样式　　　　图 13-4-13　设置"mid-2"标签的 CSS 样式

（14）设置"mid-2-image"标签的 CSS 样式。选择"mid-2"标签，单击"源"窗格中的 + 按钮，创建名称为".mid-2-image"的样式，设置"mid-2-image"标签的宽度为"135px"，左、右边界均为"5px"，上、下边界均为"0px"，浮动方向为"left"，边框为"1px"，文本对齐为"center"，如图 13-4-14 所示。

（15）设置"bottom"标签的 CSS 样式。选择"bottom"标签，单击"源"窗格中的 + 按钮，创建名称为"#bottom"的样式，设置"bottom"标签的宽度为"750px"，左、右边界均为"auto"，清除为"both"，文本对齐为"center"，如图 13-4-15 所示。

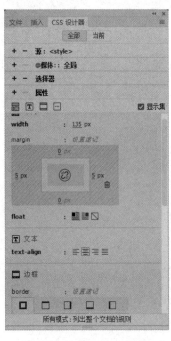

图 13-4-14　设置"mid-2-image"标签的 CSS 样式规则　图 13-4-15　设置"bottom"标签的 CSS 样式规则

（16）保存文件。单击"文件"→"保存"命令，保存文件。用 Div+CSS 布局网页后的效果如图 13-4-16 所示。

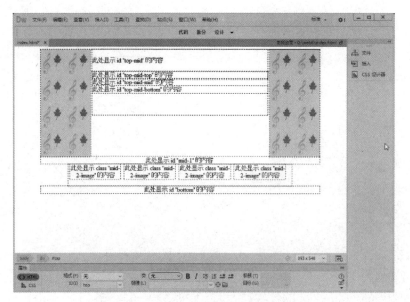

图 13-4-16　用 Div+CSS 布局网页后的效果

13.4.2　制作具体内容

（1）插入导航按钮。将光标点位在"top-mid-top"标签中，单击"插入→Image"命令，插入导航按钮，如图 13-4-17 所示。

微课视频 13.4.2

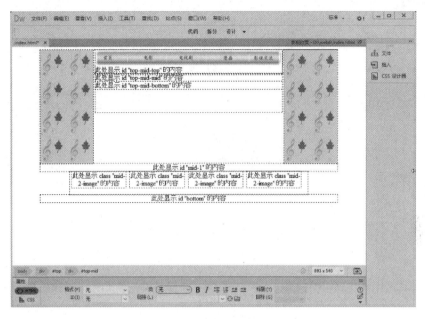

图 13-4-17　插入导航按钮

（2）插入动画。将光标定位在"top-mid-bottom"标签中，单击"插入"→"HTML"→"Flash SWF"命令，插入 SWF 动画，如图 13-4-18 所示。

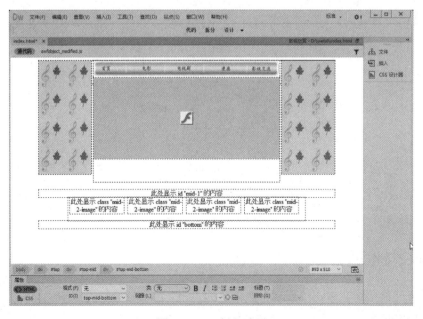

图 13-4-18　插入动画

（3）插入图像。将光标定位在"mid-2-image"标签中，单击"插入"→"Image"命令，插入图像，如图 13-4-19 所示。

图 13-4-19　插入图像

（4）输入文本。在"mid-1"标签和"bottom"标签中输入文本，如图 13-4-20 所示。

图 13-4-20　输入文本

13.4.3　设置超链接

（1）选择导航按钮，单击"属性"面板中的"矩形热点工具"按钮，如图 13-4-21 所示。

微课视频 13.4.3

图 13-4-21 "矩形热点工具"按钮

（2）使用"矩形热点工具"拖动鼠标绘制热点，如图 13-4-22 所示。

图 13-4-22 绘制热点

（3）单击"属性"面板中"链接"后的图标 ，设置链接文件，如图 13-4-23 所示。

图 13-4-23 设置链接文件

（4）使用步骤（1）～步骤（3）的方法，设置"影视交流"的链接文件，如图 13-4-24 所示。

图 13-4-24 设置"影视交流"的链接文件

（5）保存文件，按【F12】键预览网页。

13.5 制作电影介绍页面

13.5.1 利用表格布局网页

（1）另存文件。用 Dreamweaver 软件打开"index.html"文件，单击"文件"→"另存为"命令，打开"另存为"对话框，设置文件名为"dianyingjieshao.html"。

（2）删除"top-mid-bottom"标签、"mid-1"标签和"mid-2"标签内容，如图 13-5-1 所示。

微课视频 13.5.1

（3）将光标定位在"top-mid-bottom"标签中，单击"插入"→"Table"命令，插入一个 3 行 2 列的表格，设置表格的宽度为"470px"，间距为"5px"，边框为"1px"，如图 13-5-2 所示。

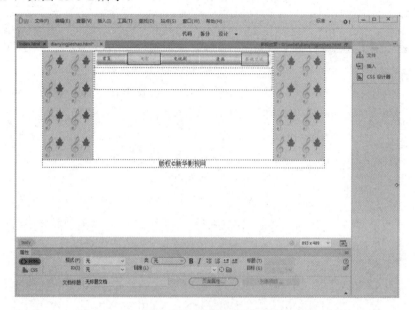

图 13-5-1　删除标签内容

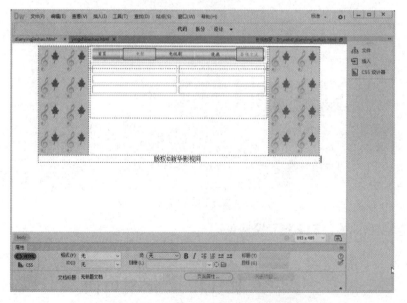

图 13-5-2　插入一个 3 行 2 列的表格

（4）合并单元格。选择第 1 行的所有单元格，单击"编辑"→"表格"→"合并单元格"命令，合并单元格，如图 13-5-3 所示。

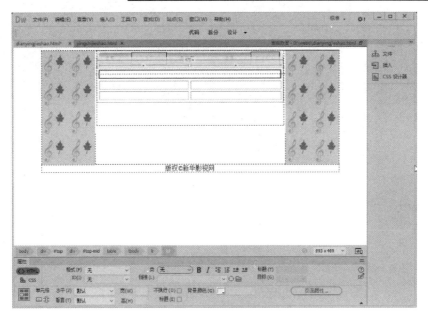

图 13-5-3　合并单元格

13.5.2　制作具体内容

（1）插入图像。将光标先后定位在表格的第 2 行第 1 列单元格中和第 3 行第 1 列单元格中，单击菜单"插入"→"Image"命令，插入图像，如图 13-5-4 所示。

微课视频 13.5.2

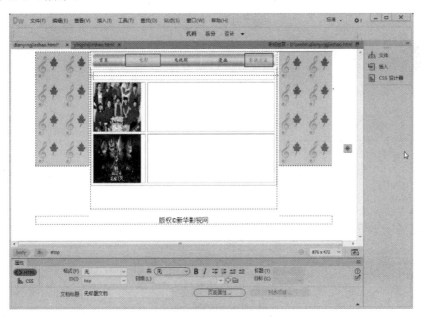

图 13-5-4　插入图像

（2）输入文本。在第 1 行、第 2 行第 2 列和第 3 行第 2 列单元格中输入文本，如图 13-5-5 所示。

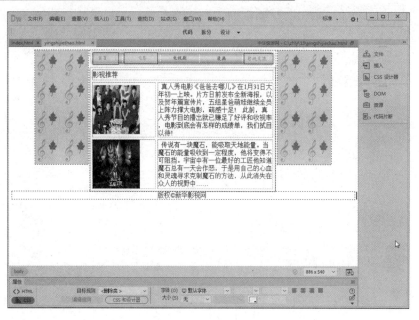

图 13-5-5　输入文本

13.5.3　设置超链接

（1）选择导航按钮，单击"属性"面板中的"矩形热点工具"按钮 ，如图 13-5-6 所示。

微课视频 13.5.3

图 13-5-6　"矩形热点工具"按钮

（2）使用"矩形热点工具"拖动鼠标绘制热点，如图 13-5-7 所示。

图 13-5-7　绘制热点

（3）单击"属性"面板中"链接"后的图标 ，设置链接文件，如图 13-5-8 所示。

图 13-5-8　设置链接文件

（4）保存文件，按【F12】键预览网页。

13.6 制作影视交流页面

13.6.1 制作表单内容

（1）另存文件。用 Dreamweaver 软件打开"dianying.html"文件，单击
"文件"→"另存为"命令，打开"另存为"对话框，设置文件名为
"yingshijiaoliu.html"。

微课视频 13.6.1

（2）删除"top-mid-bottom"标签的内容，如图 13-6-1 所示。

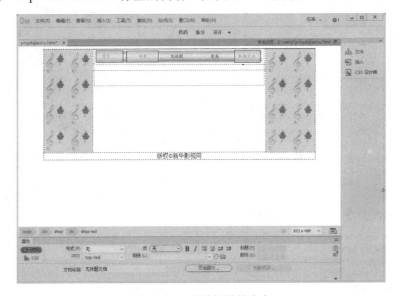

图 13-6-1 删除标签的内容

（3）将光标定位在"top-mid-bottom"标签中，单击"插入"→"表单"→"表单"命令，
插入表单，如图 13-6-2 所示。

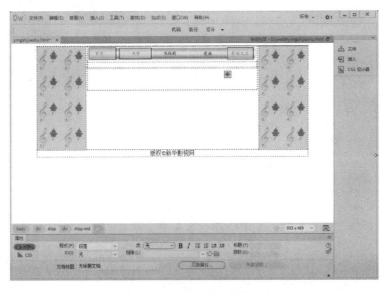

图 13-6-2 插入表单

（4）将光标定位在表单内，单击"插入"→"Table"命令，插入一个5行2列的表格，设置表格的宽度为"470px"，边框为"1px"，如图13-6-3所示。

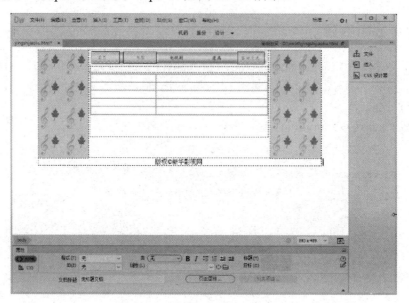

图13-6-3　插入一个5行2列的表格

（5）在表单内输入文本，如图13-6-4所示。

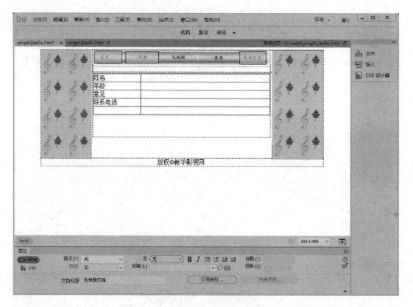

图13-6-4　输入文本

（6）插入表单元素。将光标先后定位在表单内姓名、年龄和联系电话对应的单元格中，单击"插入"→"表单"→"文本"命令，插入文本域，设置字符宽度为"15px"；将光标定位在意见对应的单元格中，单击"插入"→"表单"→"文本区域"命令，插入文本区域；将光标定位在最后一行，单击"插入"→"表单"→"按钮"命令，插入按钮，如图13-6-5所示。

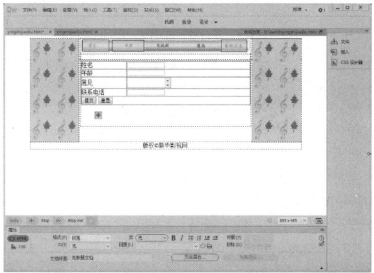

图 13-6-5 插入表单元素

13.6.2 设置表单提交

（1）选择表单对象。在"属性"面板中的"Form Action"后的文本框内输入"mailto:ysjl@163.com"，如图 13-6-6 所示。

图 13-6-6 设置表单提交

（2）保存文件，按【F12】键测试网站。

自我检测

1. 填空题

（1）在制作网页前需要_____。

（2）Photoshop 是_____软件，Flash 是_____软件。

（3）网页布局常用的工具是_____。

2. 操作题

（1）制作一个网站，主题是"xx 汽车网"。

（2）规划网页的栏目和数量。

（3）使用 Photoshop 软件处理汽车图像。

（4）使用 Flash 软件制作动画。

（5）使用 Dreamweaver 软件制作网页。

反侵权盗版声明

电子工业出版社依法对本作品享有专有出版权。任何未经权利人书面许可，复制、销售或通过信息网络传播本作品的行为；歪曲、篡改、剽窃本作品的行为，均违反《中华人民共和国著作权法》，其行为人应承担相应的民事责任和行政责任，构成犯罪的，将被依法追究刑事责任。

为了维护市场秩序，保护权利人的合法权益，我社将依法查处和打击侵权盗版的单位和个人。欢迎社会各界人士积极举报侵权盗版行为，本社将奖励举报有功人员，并保证举报人的信息不被泄露。

举报电话：（010）88254396；（010）88258888

传　　真：（010）88254397

E-mail：　dbqq@phei.com.cn

通信地址：北京市万寿路 173 信箱

　　　　　电子工业出版社总编办公室

邮　　编：100036